建筑陶瓷室内设计与装饰

褚海峰◎主编
陈　军◎副主编

经济管理出版社
ECONOMY & MANAGEMENT PUBLISHING HOUSE

图书在版编目（CIP）数据

建筑陶瓷室内设计与装饰 / 褚海峰主编 . —北京：经济管理出版社，2017.11

ISBN 978-7-5096-4893-3

Ⅰ . ①建… Ⅱ . ①褚… Ⅲ . ①建筑陶瓷—室内装饰设计 Ⅳ . ① TU238.2

中国版本图书馆 CIP 数据核字（2016）第 324748 号

组稿编辑：魏晨红

责任编辑：魏晨红

责任印制：司东翔

责任校对：雨 千

出版发行：经济管理出版社

（北京市海淀区北蜂窝 8 号中雅大厦 A 座 11 层 100038）

网 址：www.E-mp.com.cn

电 话：（010）51915602

印 刷：北京市海淀区唐家岭福利印刷厂

经 销：新华书店

开 本：787mm × 1092mm / 16

印 张：17

字 数：304 千字

版 次：2017 年 11 月第 1 版 2017 年 11 月第 1 次印刷

书 号：ISBN 978-7-5096-4893-3

定 价：68.00 元（全两册）

编 委 会

主　编　褚海峰

副主编　陈　军

编　委　（按拼音首字母排序）李智　梁碧永

刘金德　龙艳华　卢永倪　莫杰森

王静娟　吴林泽

前　言

为服务梧州市陶瓷产业的发展，提高建筑陶瓷产品的室内设计应用效果，而编写本书。在室内设计教育领域中，室内设计的施工与管理是不可或缺的教学环节。在室内设计施工中，建筑陶瓷作为室内装饰的主要装饰用材，其应用相当广泛。无论是室内地面还是墙面装饰，无论是客厅、卧室还是厨房、卫生间，无论是住宅室内装饰还是公共建筑室内装饰，建筑陶瓷都能起到良好的装饰效果。在室内设计中如何运用好建筑陶瓷这种主体性的装饰材料，是广大学生在学习中需要解决的问题。

本书针对当前学生在学习中普遍存在的问题，详细论述了建筑陶瓷与室内设计和装饰之间的关系。从室内设计概念、室内设计风格分类、室内设计方法、建筑陶瓷产品分类、建筑陶瓷铺装方法、建筑陶瓷与住宅室内设计、建筑陶瓷与公共建筑室内设计七个方面进行了细致的讲解。本书通过大量的图片与设计实例，能够让学生与教师从室内设计理论与建筑陶瓷分类认知方面、建筑陶瓷在室内装饰中的施工方法的理解方面以及建筑陶瓷在室内装饰中的具体运用方面，做到直观、体系化的学习和理解。本书图文并茂，具有学术性、系统性、实践性等特点，既适合广大学生又适用于教师作为教学资料使用。

本书由桂林电子科技大学艺术与设计学院教师褚海峰任主编，藤县中等专业学校陈军任副主编，参与编写工作的还有王静娟、梁碧永、刘金德、李智、卢永倪、龙艳华、吴林泽、莫杰森等教师。本书在编写过程中所引用的作品、图片等仅作为教学研讨之用，版权归原作者所有，在此向原作者为教育事业做出的贡献表示衷心的感谢。如原作者持有异议，请与本书作者联系。

由于时间仓促，本书在内容与组织上难免有些疏漏。对于教师来说，教学所涉及的问题是复杂的，另外，每个学校遇到的问题不同，教学侧重点也有所不同。因此，衷心地希望同行对本书提出宝贵的意见与建议。

编者

2017 年 7 月

目 录 ▶▶▶

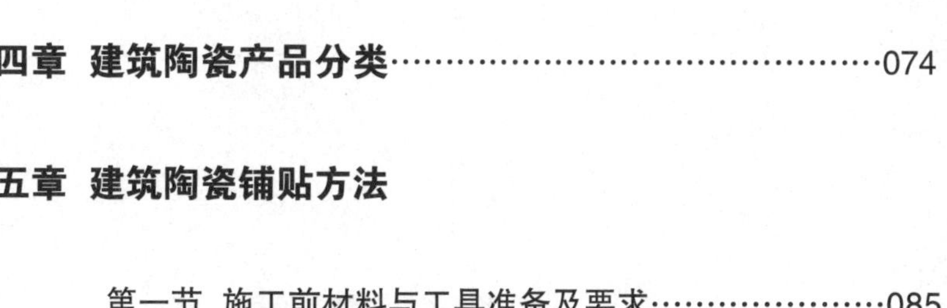

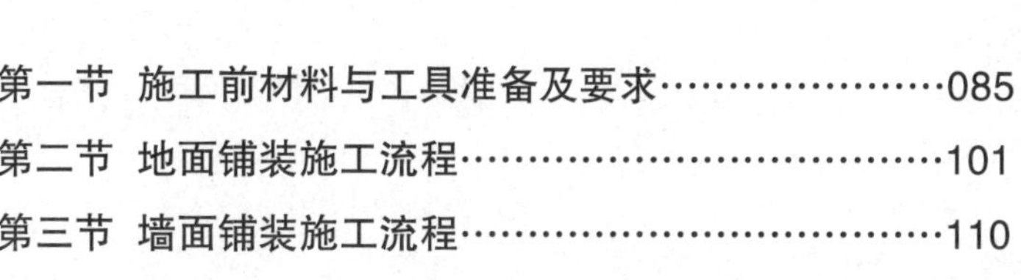

目 录

第一章
室内设计概论

1

本章重点：了解近现代西方国家室内设计发展经历与成果，
了解目前国内在室内设计发展的动态与趋势。
本章难点：近现代西方国家室内设计的内容和发展趋势。

随着物质生活水平的不断提高、生活与工作环境的极大改善，人们开始越来越关注和重视精神生活的质量，对其生活和工作环境提出了更高层次的要求，审美情趣也在不断发生变化。追求个性特色、追求审美意境、追求健康的室内空间环境已成为时代的潮流，而室内设计就是为了满足人们在室内活动的各种行为需求。运用一定的物质技术手段与艺术手法，根据空间的使用性质和所处环境，对建筑的内部空间进行规划和组织，从而创造符合使用者物质功能需要和内在精神需求，且安全、舒适、优美的建筑内部空间环境。

第一节　室内设计的概念

室内设计又称室内环境设计，20 世纪七八十年代后在世界范围内真正确立室内设计的具体范畴。室内设计是一门复杂的综合学科，涉及建筑学、社会学、民俗学、心理学、人体工程学、结构工程学、建筑物理学以及建筑材料学等多种学科，更涉及家具、陈设、装饰材料、工艺美术、绿化、造园艺术等多个领域。

室内空间一般是指建筑的内部空间。组成室内空间的实质是建筑结构堆砌、围合所创造出来的空间而并非建筑的结构本身。也就是说，室内空间的最初形态是空的，需要对其进行规划和设计，而室内设计就是要求设计建筑结构内部的空间。

室内设计，则是环境艺术设计的一部分。室内设计不是孤立的艺术学科，它与建筑设计学科紧密联系。建筑设计是室内设计的基础，而室内设计是对建筑设计的继续深化和改造。室内设计的空间性是它重要的学科特点：它不像建筑设计及一般几何造型设计那样，以实体构成研究和设计的主要对象，而是在建筑限定的空间内进一步设计和划分空间区域，从而完善和丰富建筑设计的空间分区和功能层次。

室内设计的内容，从客观环境的角度出发，涉及由建筑界面围成的空间形状，包括空间尺度、室内环境、室内物理环境等因素。客观环境因素和人们对环境的主观感受，是现代室内设计探讨和研究的主要问题。室内设计师在进行室内设计时需要考虑的因素、条件等方面，随着社会生活发展以及科学技术的进步，还会产生许多新的内容。因此，室内设计师应尽可能熟悉相关室内设计学科的基本内容，学习与室内设计相关的学科知识，才能更好地与室内设计有关的专业工种人员相互协调，密切配合，有效地提高室内设计方案成品的内在品质。

思考题

（1）室内设计的范围有哪些内容?

（2）艺术在室内设计中发挥了什么作用?

（3）室内设计空间与施工后的效果往往会有出入。那么，造成这种结果的原因有哪些?

第二节　室内设计的发展

室内设计是一门新兴的学科，但是早在原始社会，人们就已经开始有意识地对自己的居住空间进行规划和装饰，以营造出功能实用并具有一定象征意义的室内环境。且室内设计的发展与建筑的发展有着密切的联系，了解国内外的建筑风格是学习室内设计的基础。

一、中国古代室内设计的发展

中国原始社会半坡人的居住室内空间，已经有了较为科学的功能划分，且对装饰有了最初的运用。根据西安半坡遗址资料显示，原始人已经意识到对居住环境的空间分隔和装饰美化。

到了夏商周时期，宫殿建筑比较突出。建筑空间秩序井然，严谨规整，宫室里装饰着朱彩木料、雕饰白石等。

春秋战国时期，砖瓦及木结构在装修上有了新的发展，出现了专门用于铺地的花纹砖。春秋时期思想家老子的《道德经》中提出了“凿户牖以为室，当其无，有室之用，故有之以为利，无之以为用”的哲学思想，揭示了室内设计中“有”与“无”之间互相依存、不可分割的关系。

秦汉时期，中国封建社会的发展达到了第一次高峰，建筑规模体现出宏大的气势。此时，壁画已成为室内装修的一部分。丝织品以帷幔、帘幕的形式参与空间的分隔与遮蔽，增加了室内环境的装饰性。此时的家具也丰富起来，有床榻、几案、茵席、箱柜、屏风等几大类。

隋唐时期是我国封建史上的第二个高峰，室内设计开始进入以家具为设计中心的陈设装饰阶段。家具普遍采用垂足坐的形式，并且室内家具设计极为多样化。建筑结构和装饰完美结合，风格沉稳大方、色彩丰富、装修精美，体现出一种厚实的艺术风格。

宋朝是文人的时代，这个时期的室内设计凸显秀雅的气质，而装饰风格讲究简练、生动、严谨、秀丽。

明清时期，封建社会进入最后的辉煌，建筑和室内设计发展达到了新的高峰。

室内空间具有明确的指向性，根据使用对象的不同而具有一定的等级差别。室内陈设更加丰富和艺术化，而室内隔断形式在空间中起到重要的作用。这个时期的家具工艺也有了很大发展，成为室内设计的重要组成部分。

几千年的文化一脉相承，礼义、道德、宗法观念深入人心，而且几千年来根深蒂固，无可动摇；这使得家居生活很早就步入了秩序化、规范化的阶段。室内空间的布置一律严格遵循长幼有序、尊卑有别的原则。同时，由于古人崇尚的最高美学追求是“神韵”，因而在布置室内空间的时候，他们在悬挂字画、选用器皿、房间色彩等方面下足了功夫，使得室内空间在总体上呈现出典雅、古朴的美学特征。虽然各个时代的具体形式不同，但严谨的整体布局和古雅的审美情趣却从未改变。

二、西方古代室内设计的发展

在西方，各民族间的文化入侵和毁灭现象经常发生，使得西方文化失去了延续性，因而不同时期的艺术会呈现出迥异的风格倾向。建筑风格的变化是各个时期文化潮流的集中体现，室内设计则敏感地反映出这些时代潮流。古希腊是西方文明的摇篮，典型的建筑是神庙。多立克、爱奥尼克、科林斯是希腊风格的典型柱式，“柱式”作为典范也成为西方古典建筑室内装饰设计特色的基本组成部分。古希腊帕提农神庙利用柱式做整体建筑构图，其整体特征是端庄典雅、亲切开朗、讲究构图、施工精确、精雕细刻。

而古罗马人继承了古希腊的建筑风格，并且发展到一个高峰。这个时期公共建筑大规模出现，装饰手法丰富多样，整体上呈现出强大帝国所具有的恢弘气势。

哥特建筑有着尖拱、拱肋和飞扶壁的特征，构图形式具有强烈的垂直感。窗饰喜用彩色玻璃镶嵌，呈现出斑斓富丽、精巧迷幻的效果。哥特风格体现了自然主义、浪漫主义的倾向。

伟大的文艺复兴思潮引发了建筑方面的改革，文艺复兴中的人文精神，同时也成为建筑乃至室内装饰的主导思想。其中，巴洛克是 17 ~ 18 世纪在意大利文艺复兴建筑基础上发展起来的一种建筑和装饰风格。其特点是外形自由，追求动态，喜好富丽的装饰和雕刻精致、色彩强烈，建筑常用穿插的曲面和椭圆形。在室内，将绘画、雕塑、工艺集中于装饰和陈设艺术上。而洛可可是继巴洛克之后在欧洲发展起来的室内装饰风格，其特点是样式轻快、华丽，室内装饰造型高耸、纤细、不对称。

三、近现代室内设计的发展

人类社会已步入工业化、信息化社会，生产方式和社会结构的巨大变革对室内设计产生了巨大的影响。建筑领域出现了前所未有的革命，新技术、新材料、新形式、新观念层出不穷，以现代主义及随后出现的后现代主义最为典型。现代主义起源于 1919 年成立的包豪斯学派，该学派提倡客观地对待现实世界。在建筑和室内设计方面，该学派强调突破旧传统，提出与工业社会相适应的新观念，创新建筑形式，重视功能和空间组织；并注重发挥结构本身的形式美。其设计作品造型简洁，反对多余装饰，材质上偏重使用金属、玻璃等新材料，加工精细，色彩单纯、沉稳、冷静。

包豪斯校舍是现代建筑中具有里程碑意义的典范作品，其设计者为包豪斯第一任校长、德国建筑师格罗佩斯。他创造性地运用现代建筑设计手法，从建筑物的实用功能出发，按各部分的实用要求及其相互关系定出各自的位置和体型。利用钢筋、混凝土和玻璃等新材料以突出材料的本色美。在建筑结构上充分运用窗与墙、混凝土与玻璃、竖向与横向、光与影的对比手法，使空间形象显得清新活泼、生动多样。尤其通过简洁的平屋顶、大片玻璃窗和长而连续的白色墙面产生的不同视觉效果，更给人以独特的印象。而现代主义的主要特点就是理性主义，它相信未来城市的一切都可能由机械时代的新发明和新产品制成，讲究“形式服从功能”以及“少就是多”的设计观点。

20 世纪后半叶至今，设计师们对在世界范围产生巨大影响的、完全脱离传统的现代主义进行了反思，人们开始追求各种各样的设计形式。其中，后现代主义作为一种较为完整的设计体系在建筑设计领域产生了很大的影响。美国建筑师斯特恩提出后现代主义建筑有三个特征：大量采用装饰、具有象征性或隐喻性、与现有环境融合。从形式上讲，后现代主义是一股源自现代主义但又反叛现代主义的思潮，它与现代主义之间是一种既继承又反叛的关系；从内容上看，后现代风格强调建筑及室内装饰应具有历史的延续性，但又不拘泥于传统的逻辑思维方式，探索创新造型手法，讲究人情味，常在室内设置夸张、变形的柱式和断裂的拱券，或把古典构件的抽象形式以新的手法组合在一起，即采用非传统的混合、叠加、错位、裂变等手法和象征、隐喻等手段，以期创造一种融感性与理性、集传统与现代、糅大众与行家于一体的室内环境。后现代主义设计以及当代设计正在通过日常物品源源不断地为当代日常生活提供更多的审美对象与审美资源，无论人们怎样评价日常生活审美化，后现代主义设计在解读当代这一重要理论话题时的意义与价值都应得到更多的关注与讨论。

后现代主义发展到了后期，越来越重视形式而忽略了功能需求，人们开始厌倦这种单一的、只注重形式感的设计风格。到了 1977 年，后现代主义风格宣布消亡。而另一种建筑思想在深刻反思基础上渐渐被推到了历史的前台，那就是晚期现代主义思想。晚期现代主义在面对现代主义人情气息缺乏的问题时，认为现代主义建筑失败在于对技术的作用发挥尚不充分。因此，晚期现代主义把现代主义的技术理性创作理论推向极端。它借助当代最新高科技，提倡技术美学与唯生产力论，用极端逻辑性和高度分析的方法，追求新奇、复杂、干净、光亮、奇异、纤细、精致等独特的审美效果。同时，它又继承了现代主义中的理性，把功能和实用性放在重要位置，强调用现代科技手段和新的艺术形式将功能完美地发挥出来。因此，在审美价值观念上，可以认为晚期现代主义建筑全面突破了现代主义建筑，在现实功能的基础上，同样也注重装饰性。

当前，晚期现代主义的成功建筑作品有法国巴黎蓬皮杜艺术中心、日本关西国际机场、法国音乐艺术城、美国航天航空展览馆等。这些建筑在给人以极大的视觉冲击力的同时，不得不让人对现代高科技的无穷潜力发出由衷的赞叹。

思考题

（1）在室内设计中，中国与西方发展的理念有何异同?

（2）现代主义室内设计风格与建筑设计之间有何关系?

第三节　室内设计的现状与发展趋势

一、室内设计的现状

室内设计在中国是一个朝气蓬勃的新兴行业。改革开放前，人们并不重视室内设计。20 世纪 70 年代末到 80 年代初，随着我国改革开放政策的实行，经济快速增长，城市建设迅速发展，室内设计初具规模。20 世纪 90 年代中期开始，室内设计思想得到了很大的解放，人们开始追求各种各样的设计方式，对室内空间的设计要求不仅只注重实用功能，还要追求室内空间的装饰效果，并加强了对居住环境的要求，开始对家具、设施、艺术品、灯具、绿化、采暖、通风等加以装饰。近年来，在经历思想与审美的蜕变之后，人们已经把情感和室内设计紧密地结合在一起，注重人性化的空间设计。在满足实际需要的同时，注重对美的追求。进入 21 世纪后，随着高度信息化时代的到来，图形技术、仿真技术、多媒体技术、网络技术等方面得到了迅速发展与创新，室内设计更呈现出多元性和复合性的特点。然而，我国的室内设计的整体水平不高，尚待提升，地域性与个性设计需要探索，室内设计还没形成自己的文化形态。从我国目前室内设计状况来看，存在以下弊端：

（1）多数室内设计从业者知识结构不健全，真正懂得设计并按设计规范、行业规范实施的人很少。

（2）设计师缺乏创新精神。许多室内设计师只注重表面的形式，而不注重深层次的内涵，并缺乏大胆探索和积极创新的设计精神。室内设计不应是简单的、缺乏深度思考的、不顾环境和建筑类型的“抄袭”或“套用”。

（3）设计师缺乏整体环境意识。我国的室内设计总的来说缺乏整体环境意识，对所设计室内空间内外环境的特点，以及建筑的使用功能、类型考虑不够。室内设计作为一门应用性艺术，在不断汲取新的艺术创新理念的同时，也应紧随社会进步与时代发展，加强国内、国际行业交流，对“人—空间—环境”的关系进行科学化、艺术化的交流学习。针对不同的使用对象，相应的考虑不同的设计要求，设计出集功能和装饰于一体的室内空间环境，使我国的室内设计更快地走上新的阶梯。

二、室内设计的发展趋势

随着社会的发展和时代的推移，人们对室内设计的需求和对室内设计品质的追求越来越高。人们更加注重通过色彩、结构、风格等设计元素的整合，从而体现室内环境的人性内涵和人文效果。现代室内设计有着向多层次化、个性化、风格化的发展趋势。

1. 人性化设计

现代社会中，人们追求高品质的生活环境，室内设计是创造和规划人们室内生活的环境。优秀的室内设计会考虑到人的行为习惯、心理活动、思维方式等方面，设计出让体验者在参观、使用空间场所时感觉方便、舒适的室内空间。人性化设计是在设计中对人的心理、生理需求和精神追求的尊重和满足，是设计中的人文关怀。通过人性化设计，使人们在视觉上感受到一种情感上的呼应，心理上获得宁静、平和的满足，生活压力也得到缓解。

2. 可持续发展设计

对资源的有限性以及我们生存环境脆弱性的认识，进一步改变了室内设计的观念。越来越多的室内设计师在设计过程中开始使用可再生的资源，努力保护环境。甚至在进行设计方案时就考虑到环境因素，利用可循环、可回收的产品，这就是“可持续发展设计”或“绿色设计”。

3. 个性化设计

室内环境设计是门关于艺术的设计，不同的室内设计师对空间、形体、色彩以及虚实关系和意境创造等有着不同的把握，以及对协调周围环境关系的设计形式和设计方法有其个性化、独特的见解。随着社会物质财富的丰富，人们应该从千篇一律、缺乏新意的室内装修设计中解放出来，设计出符合自己审美需求的室内空间场所。

4. 智能化设计

随着科学技术的发展，在室内设计中采用大量现代高科技手段。通过数字化、智能化的设计，使设计达到最佳声、光、色、形的匹配效果。实现高速度、高效率、高功能，创造出理想的值得人们赞叹的智能化室内空间环境。

5. 民族化设计

室内设计的发展在追求现代化的新颖设计时，也要注意与民族元素相结合，注重对传统文化历史元素的运用，从而创造出具有传统元素的新式室内设计风格。让人们在使用现代化的家具、材料和施工工艺对室内进行装修设计的同时，体会到具有传统韵味的室内空间设计效果。例如，新古典主义室内设计风格和新中式室内设计风格，就是把传统元素的精髓加以提炼、简化，并用新的材料和工艺加以体现。

6. 回归自然式设计

随着环境保护意识的加强，人们向往自然，渴望回归自然。设计师们常运用具象和抽象的设计手法创造新的视觉效果，在住宅中创造田园的舒适气氛，强调自然色彩和天然材料的应用。采用许多民间艺术手法和风格形式，在“回归自然”上下功夫。并打破室内外的界限，使人们联想到自然，感受大自然的温馨，使身心舒逸。

思考题

（1）国外室内设计发展的现状如何?

（2）对比我国古代室内设计理念与现在的设计理念，有哪些异同?

（3）目前室内设计发展有哪些趋势?

第二章 室内设计风格分类

本章重点：室内不同设计风格的特点和针对不同人群设计不同风格的室内环境。

本章难点：巴洛克、洛可可和新古典主义风格的区别，后现代主义风格与现代主义风格的区别。

风格，简单来说就是一种带有综合性的总体特点。室内设计风格包括欧洲古典主义风格（如巴洛克、洛可可）、新古典主义风格、中国古典风格、新中式风格、现代主义风格、后现代主义风格、地中海风格、日本和式风格、美式田园风格等。

室内设计风格形成至今，已有许多表达形式。每一种室内设计风格的成因虽然复杂，但总体可归纳为两类：一类是外在因素，另一类是内在因素。外在因素有地理位置、气候条件、宗教信仰、风俗习惯、民族特性、生活方式、文化潮流、技术发展等；内在因素有个人或群体的创作构思、创作者的专业素养以及艺术修养等。而这些因素又会根据不同时代的变迁，共同影响着室内设计风格的形成与发展。某些室内设计风格因天时、地利、人和等因素，其影响范围大而深远，形成了具有代表性的室内设计形式。

一种典型风格的形式，代表着某一范围内的综合性和独特性。典型的室内设计风格通常与当地的人文因素和自然条件密切相关，并且需要个人或集体在构思和创作中塑造其特点，再经过时间的筛选，或摒弃或充实；它没有完全的形态，只有不断地进行改进和演变，也就是说典型的室内设计风格是在不断变化的。

随着世界全球化的发展，人们活动范围的局限性被打破，促成了不同地区之间的文化交融，对于室内设计来说，由原来的一种室内设计风格只能影响本地区或者周边地区，发展到被世界其他地区的人们所熟知，甚至受到他们的青睐。如今，人们常用的室内设计风格有现代主义风格、地中海风格、新古典主义风格、现代中式风格、日本和式风格和美式田园风格等。

但是，即使是同一种室内设计风格，在同一地区的不同人群也会有不同选择。这些人群可按以下几种方法划分：

一、按年龄

按年龄可分为老年人、中年人和年轻人。每个年龄阶段的人群对室内设计要求也会有不一样的选择，他们往往因为年龄的差异而选择不一样的室内设计风格。

1. 老年人

这类人群主要受身体条件、心理情感的影响，往往会选择暖色系和复古的设计风格。因为老年人身体条件差，免疫力和抵抗力都显著下降，加之情感需求加强，容易出现怕冷、活动能力差、怕刺激、怀旧、怕孤独等生理和心理现象。针对这些现象，应选择合适的室内设计风格：

（1）根据老年人怕冷的生理现象，应采用暖色系设计风格。并且，不仅要在视觉上做出选择，还要在装饰材料上做出选择，如宜多采用木质家具、木质地板、墙纸等材料。

（2）根据老年人活动能力差的生理现象，应采用方便老年人活动和使用的室内设计风格，主要重视实用性，而不是重视形式。所以，不宜采用像后现代主义风格特别重视形式感，而忽略实用性的室内设计。

（3）根据老年人怕刺激的生理现象，应采用色彩、光线柔和的室内设计风格。老年人由于视力衰弱，对色彩、光线跳跃大的环境非常不适应，其眼部反应肌肉迟缓，跟不上节奏，也容易疲劳。所以，那些色彩活泼、光线刺激的室内设计风格就不太适合老年人。

（4）根据老年人怀旧的心理现象，应采用复古、具有年代感的室内设计风格。老年人步入晚年，他们对生活更多的是怀念与品味，通常将情感寄托于物体上；所以，为了迎合这类人群的需求，在选择室内设计风格时，应着重考虑年代特征。

（5）根据老年人怕孤独的心理现象，应采用能起到视觉空间扩大作用的设计风格。孤独感的产生除了缺少家人陪伴和缺少生活趣味性的原因，还有室内空间过于狭小、封闭、色彩过于凝重等居住环境的原因。室内设计风格要求其偏向于重视形式，从而使狭小、封闭、凝重的居住环境得到质的改变。

2. 中年人

中年人是家庭成员的中坚力量，是家庭消费的决策者。这类人群主要受家庭观念、社会地位的影响，他们的经济能力、生活状况、社会地位、家庭成员相对比较稳定，是室内设计使用的主要人群，具有分布均匀、广泛、影响力大等特点。这类消费者的一般心理特征有：

（1）选择购买的理智性胜于冲动性。中年人在选择室内设计风格时，基本不会跟风。他们不会因为当下流行什么就去追求什么，而往往会根据自己的偏好结合实际情况进行理智的选择。他们心中可能早已有选择的标准。

（2）选择购买的实用性大于装饰性。中年人在选择室内设计风格上更加注重实用性，但注重实用性不等于忽视装饰性，他们具有一定的审美和追求，在满足实用性的情况下会重视装饰性，以体现他们的家庭地位和社会地位。所以，在经济条件允许的情况下，中年人会选择新中式风格、新古典主义风格、日本和式风格、美式田园风格等保留装饰性，但又着重强调实用性的设计风格。

（3）购买具有稳定性，特别注意消费的品质和便利。中年人在选择室内设计风格时，还特别注重生活品质和生活的便利，目的是追求生活的稳定与安逸。当某种室内设计风格一时盛行时，往往不会采纳，如东南亚风格。因为，在他们看来这些风格不具有稳定性，可能只是一时兴起，一时流行罢了。这些人群会选择流行时间久、影响范围广的某种室内设计风格，如新古典主义风格。

综上所述，中年人的选择往往具有综合性和多样性。综合性体现在：考虑因素较多，个人的理智性、计划性、主见和求稳，以及室内设计的实用性和装饰性等。但还是多受家庭观念影响，会选择符合大家庭生活的室内设计风格，这种风格偏向于中性，既不显得夸张、活跃，又不显得凝重、乏味、缺少变化。多样性体现在：在目前流行的很多室内设计风格都能满足中年人的选择和要求，如现代主义风格、现代中式风格、新古典主义风格、地中海风格、日本和式风格、美式田园风格。

3. 年轻人

这类人群主要受工作需求、生活节奏、消费水平的影响，他们的工作条件、经济能力、生活状况都不太稳定。而且，他们个性张扬、性格活跃、追求独特，所以会偏向于选择简约、现代、都市、清新、活泼的室内设计风格，在注重实用性的同时也略带装饰性。大部分年轻人在选择室内设计风格时，多采用现代简约风格。这种风格是时下最流行的室内设计风格，符合年轻人追求时尚、追求个性、追求潮流的特性。但是，还有一部分年轻人在追求简约的同时又喜欢古朴的、复古的元素。所以，在经济条件较好的年轻人里，可以选择简中风格、简欧风格等。

二、按人数

按人数可分为个人、小家庭、几代同堂的大家庭三种。根据人数的变化，在选择不同室内设计风格时，也会有不同的选择。当人数少时，他们往往考虑自己喜欢什么样的设计风格，如独居者；而当人数多时，他们往往要综合各种因素，包括考虑其他家庭成员的需求，如几代同堂的大家庭。

1. 个人

这类人群可以是不同年龄段的独居者，由于各种原因，他们选择了暂时性或长期性独居。例如，刚进社会不久，需要一个人打拼奋斗的年轻人。这类独居者就如上述按年龄划分中的年轻人，主要受工作需求、生活节奏、消费水平的影响。所以，他们往往会选择现代简约风格。有一定经济能力，但需要在外工作且拥有自己房子的独居者，他们有的只需要一个简单的生活、居住空间，着重追求实用性。因此，会选用现代简约风格。有的追求个性或跟随潮流，会相应地对室内空间的装饰性有要求；因此，适合他们的室内设计风格比较多，如后现代主义风格、地中海风格、现代中式风格、日本和式风格、美式田园风格，甚至新古典主义风格。有些人经济独立且优越，强调追求个性与装饰效果。在选择室内设计风格方面，个人主张占据主导地位，且极力表现个人审美、品位、追求、地位。他们的选择范围几乎囊括了所有室内设计风格，其可选室内设计风格有现代主义风格、后现代主义风格、欧洲古典主义风格、新古典主义风格、中国古典主义风格、现代中式风格、地中海风格、日本和式风格、美式田园风格以及东南亚风格等。

2. 小家庭

这类人群是由一代或两代人组成的家庭，家庭成员相对较少。他们的工作条件、经济能力、生活状况相对较稳定，所以有足够的室内装饰需求。在选择室内设计风格上，要求温馨、舒适、实用、美观、时尚、经济实惠等。所以，根据以上要求可供选择的室内设计风格有现代主义风格、现代中式风格、地中海风格、日本和式风格、美式田园风格。

3. 几代同堂的大家庭

随着社会的转型，家庭结构也发生着重大的转变。而这类人群一般是由三代人组成的家庭，由于几代人存在生活观念差异、生活习惯不同、生活方式不同等诸多问题，住在一起也会有诸多不便。面对这样类型的家庭人群，在选用何种类型的室内设计风格来对房子进行装修设计时，需要注意以下几点事项：

（1）在有限的室内空间里，尽量满足三代人的生活习惯和功能需求。三代人毕竟是存在代差的，小孩与老人的代差最明显，他们的生活需求、生活环境、生活状态差异最大。老人由于身体条件逐渐变差、精神生活需求逐渐增大，对生活环境的依赖程度也会增大。而小孩的成长速度较快，对生活环境的要求也在不断地变化，比如幼儿时期，小孩比较活泼好动，需要宽敞的活动空间。学生时期，他们需要一个舒适、安静的学习空间。年轻子女是家庭的中坚力量，有生活和工作上的压力，因此他们的生活节奏比较快，往往把自己的要求放在次要位置；会先考虑小孩、老人的需求，再折中选择相应的室内设计风格，以满足几代同堂的大家庭需求。

（2）要考虑"未来的变化"，即要具有计划性。因此，在选择室内设计风格时至少要考虑小孩未来 5 ～ 10 年内成长的变化。在室内空间组织、平面布局、装饰处理上，将室内空间分为可变空间和不可变空间。

可变空间主要有儿童房、儿童卧室。在可变的情况下，其活动空间应简洁、实用。有足够的活动空间和收纳空间，符合儿童好动、衣物多的特点。所以，室内设计多选择现代主义风格等具有现代气息和实用至上的装饰风格。

不可变空间主要有客厅、餐厅、厨房、卫生间。这些室内空间应加强室内环境的整体性，在满足三代人生活习惯的前提下，常由年轻子女来决定设计风格。至于子女选择何种室内装饰风格，就要看他们的经济状况、个人审美、市场潮流等因素了。

（3）在考虑室内环境整体性的同时，保留三代人的差异。从需求上来讲，三代人毕竟存在代差，在生活习惯上确实存在差异。而从艺术角度来讲，同样也是这种情况：三代人有不同的欣赏眼光，老人容易怀旧；小孩接受事物多，欣赏水平在不断提高，变化也很大；年轻子女欣赏水平虽然相对稳定，但也会变化。所以，在客厅、主卧室等室内空间布局、装饰上，应以年轻子女的审美为主；小孩的房间、活动区，应满足其童心、童趣的需求；老人的房间则可以根据喜好体现他们那个时代的特征。几代同堂的大家庭，由于存在诸多方面因素的差异，在室内设计装修中的很多细枝末节如果没有得到很好的反映和处理，往往会影响居者的生活质量。

三、按经济收入

按经济收入程度，可分为蓝领、白领、中产人群和富裕人群。而根据他们收入差异，在选择室内设计风格时，会有差异性与相似性。

1. 蓝领

这类人群主要是依靠务工获取经济收入的体力劳动者，被称为蓝领。在国营企业、集体企业、民营企业中都有分布，也包括长期农民工。在我国，这类人群的文化水平相对较低，而由于其从事的行业危险性、密集性和技术性相对较高。所以，希望在忙碌的工作之后，回到家就是一个心灵的休憩地。这类人群适合选择以自然柔和的海天一色为主，追求温馨、惬意、宁静的地中海风格或追求自然、悠闲、舒适的田园生活情趣的美式田园风格。

2. 白领

白领这类人群主要集中在年轻人，他们喜欢接受新鲜事物，喜欢追求时尚。所以，在选择室内设计风格时，应选择现代主义风格或后现代主义风格，它们都是潮流与时尚的代表，注重简单与内涵、实用与形式完美结合。在白领看来，简单并不意味着单调、乏味、缺少内涵，简单的东西也能通过强调实用性与形式感来体现时尚与潮流的气息，体现主人不俗的品位与审美。

3. 中产人群

他们与一般的蓝领、白领相比，工资要高一些，待遇要好一些。中产人群是大、中型知名企业的精英，平时沉浸于工作，很少花心思在室内装修上。在中产人群看来，工作是第一位，而生活就是要追求简单。简洁明快、实用大方是他们追求室内装修的特点，对于那些缺乏实用性、功能性的繁杂装饰，能省就省；在风格的选择上讲究形式美观、功能至上。所以，在选择室内设计风格时，现代简约风格就是他们最好的选择。

4. 富裕人群

这类人群具有经济上的优势，他们具备经济优越、生活品质优越、教育资源优越等显著特征。因此，单纯从生活品质上来讲，他们具有更高的标准与要求。因此，富裕人群在选择室内设计风格来装饰生活空间时，不仅要体现出高质量的生活，还要强调体现个人审美、个性、地位等象征意义。所以，符合富裕人群的室内设计风格有欧洲古典主义风格、中国古典风格。这两种风格都具有壮丽恢宏、高贵华丽、经典内涵等特性，能极大满足那些追求强调社会地位的富裕人群。然而，随着时代的发展，人的审美需求也在发生变化；一部分富裕人群既想满足自己高质量的生活品位和体现自己非凡的社会地位，又想与时俱进，追求现代化的审美标准。因此，这类人群在选择室内设计风格时，应选择具有古典与现代双重审美效果的新古典主义风格和现代中式风格。所以，对于这些经济上优越、独立的人群来说，欧洲古典主义风格、中国古典风格、新古典主义风格、现代中式风格无疑是最合适的选择。

第一节　地中海风格

地中海风格起源于文艺复兴前期的南欧、西欧等地区。由于当时中世纪欧洲宗教的笼罩与残害达到了顶端，室内艺术经历了长时间的浩劫与萧条。直到9世纪与11世纪之间，这种室内设计风格又重新兴起，并在不断发展与扩大影响的情况下，才形成了现在人们所熟知的地中海风格。

自然环境是造就这一独特室内设计风格的因素之一。地中海位于亚、非、欧三洲交界处的广阔水域，这里气候宜人，夏季湿润干旱、冬季温暖湿润，属于典型的地中海式气候。单纯的气候条件并不是形成某一种风格的唯一原因，独特的地理位置、气候条件、人文环境、历史文脉等的综合因素共同作用，才促成了当地独特的地中海风格。

地中海沿岸不同的国家或地区有不同的地中海风格，但其毕竟是同一类型的室内设计风格。所以，在选用这一类风格进行室内装修设计时，要先了解地中海风格的主要特点。

一、地中海风格的颜色运用

不同地区的地中海风格在色彩搭配上也有不同的特点，主要有三种典型的颜色搭配：

1. 蓝色和白色的搭配

这种颜色搭配风格来源于地中海西南岸的摩洛哥、西岸的西班牙。该地区拥有绵长而曲折的沙滩和碧海，与白色村庄形成独特的色彩（见图2-1）。

图2-1　希腊的白色村庄

图2-2　北非的沙漠风景

2. 土黄与红褐的搭配

这种颜色搭配源自北非地理环境特征，土黄色的沙漠和红褐色的岩石（见图 2-2），以及搭配上北非当地土生的深红色、靛蓝色的植物。

3. 黄色、蓝紫色和绿色的搭配

这种颜色的搭配来源于意大利南部的向日葵（见图 2-3）、法国南部的薰衣草花田（见图 2-4），地中海风格提取了金黄色的向日葵与蓝紫色的薰衣草的颜色搭配。有情调的色彩组合，十分具有自然的美感。

图 2-3　意大利南部的向日葵

图 2-4　法国南部的薰衣草

在地中海风格装饰的室内空间里，常常会看到一些大胆、活泼、富于创造性的颜色运用，如以蓝色、白色、黄色为主色调的家具，其特点鲜明、色彩明亮、清晰，夺人眼目；以白色为主色调的墙面，提高了室内空间的整体亮度，显得简洁、明朗；电视背景墙、门、窗、窗帘、地毯、地板等常用蓝色衬托、点缀，整体室内空间呈现出蓝色基调。这些室内色彩的运用与室外的白灰泥墙、陶砖、海蓝色的屋瓦形成了呼应。此外，在木质家具的选择上，常常运用简洁的线条进行装饰。

二、地中海风格的实用性和功能性

地中海沿岸地区的建筑，特别是希腊的海边小镇，它们特有的白色建筑造型显得自然、浑圆、自由。这种造型的自然也体现在室内，例如，铁艺家具、铁艺床架、铁艺吊灯、电视背景墙、壁橱、拱门、半拱门、马蹄状的门窗等。在室内，通常会使用一些非承重墙来塑造个性，通过半凿穿或全凿穿的方式形成一个个造型自然的景中墙。并且，常运用较多不规则的线条来构造基本形态，所以线条给人的感觉就是不修边幅的。例如，在室内的吊顶、楼梯护栏、背景墙上常出现模仿海浪的线条（见图 2-5）。

图 2-5　地中海风格的线条造型

三、地中海风格的装饰性

地中海风格的室内装饰体现欧洲地中海地区的地域特点，通过采用当地特有的金属加工制品、木制品、纺织品，大胆运用纯美的色调与自然、多变的造型等地域元素的结合，对室内空间进行点缀。其中，金属加工制品有黄铜或银质的托盘、茶具、水壶、灯具，黑色或古铜色的铁艺床架和装饰、雕花门锁等。木制品有大部分的家具、厨具、木柄银质的糖锤、小物件、装饰木雕等。纺织品有纯棉、亚麻、羊毛、少量的丝绸等纯天然织物，色调丰富的靠垫、色泽淡雅的床品和窗帘等。值得一提的是，这些金属加工制品、木制品、纺织品有个性鲜明、指向性突出的特点，让人感受到阳光沙滩、碧海蓝天的地域风情。例如，照片墙上各种海边风情照片、墙上的渔网装饰、桌上的海螺等饰品、墙上的海洋生物简笔画、墙上或床头的轮船方向舵等。同时，地中海风格的家居室内设计还特别注重绿化，往往会运用当地特有且具有象征意义的植物，如向日葵、薰衣草（见图 2-6）。

图 2-6　地中海风格的室内装饰

思考题

（1）为什么地中海风格钟情于自然颜色?

（2）地中海风格在颜色上的运用，除了文中介绍之外，还有其他颜色搭配吗?

（3）为什么地中海风格的室内建筑常运用拱门等具有曲线条的建筑形式?

第二节　欧洲古典主义风格

欧洲古典主义风格起源于14世纪中期的文艺复兴运动。它的产生是对欧洲古典文学艺术重新重视和学习，在此基础上继承了古罗马、古希腊的经典元素。包括家具、吊顶、灯池、壁橱等都继承和发扬了欧洲经典装饰华丽、高雅、精致的特征。其中，欧洲古典主义风格主要的典型风格代表是巴洛克风格与洛可可风格。

一、巴洛克风格

巴洛克风格起源于16世纪末文艺复兴时期的意大利。巴洛克风格在欧洲也经历了一种由最初的诋毁到后来的理解的过程。起初，在传统古典主义者眼里，巴洛克风格是不被接受的，认为它是一种堕落瓦解的艺术；但是到了后来，巴洛克风格所具有的独特魅力得到了不少人的追捧与推崇。巴洛克艺术风格也因此有了一个较为公平的评价。

从“巴洛克”一词就可以看出当时的人们对这种艺术风格存在偏见。葡萄牙语译为“不圆的珍珠”，不圆即为不完整；珍珠，说明这种风格还是有较高的艺术水准的。综合来讲就是没有完整的继承古典主义艺术风格的特点。意大利语译为“奇怪，变形”，这对当时文艺复兴时期的意大利来说是异类，违背了古典主义复兴者追求古罗马、古希腊完整的文化艺术。所以，对这种艺术风格以“奇怪、变异”来命名。法语译为“俗丽、凌乱”，这种观点带有一定的客观性，俗丽说明了这种风格的艺术形式继承了古典主义华丽的特点，但略显俗气。凌乱正是表明了巴洛克风格打破了传统的规整、对称形式，显示出了其灵活多变的特点。

巴洛克风格的特征有以下几点：

1. 巴洛克风格的来源

从“巴洛克”一词在葡萄牙语、意大利语、法语的译文就知道它具有不凡的特点，是那个时代背景下的创新。它的创新不是空穴来风，使用过巴洛克室内设计风格并且了解欧洲古典艺术的人都知道，巴洛克风格在很多细节上都运用了古罗马、古希腊室内装饰的经典元素，例如，罗马柱、灯池、帷幔、家具、装饰画等，虽然经过了加工与艺术再创造，但是其具有的古罗马、古希腊艺术风格、艺术气息没有改变（见图 2-7）。

图 2-7 巴洛克风格中的传统元素

2. 巴洛克风格的实用性和功能性

巴洛克风格受到传统古典主义复兴者诟病的最大原因就是其特有的新、奇、特等个性装饰风格。所谓的“新、奇、特”就是新鲜、奇异、特点鲜明。而传统的古典主义风格讲究称、肃穆、规整等具有严格清规戒律的特征。因此，巴洛克在造型和装饰上打破了这一传统。

首先，不顾建筑构件的实际意义和结构逻辑来安排构件，常常将壁画、雕塑和真实的结构构件放在一起，以产生新奇感（见图 2-8）。

其次，追求光影效果，运用光影变化和形体的不稳定组合与利用透视产生的视觉错误，形成虚幻效果。从而使室内空间尺寸和距离或夸大或缩小，以此来满足其奇异的特点（见图 2-9）。

最后，其艺术特征为打破文艺复兴时代整体的造型形式而进行了形态上的改变。一般情况下，巴洛克风格的室内空间不会是横平竖直的，在各种墙体结构上都喜欢

图 2-8 装饰精美的吊顶

图 2-9 楼梯围合的透视效果

带一些曲线。所以，其在运用直线的同时也强调线型流动变化的造型特点，尽管房间还是方的，里面的装饰线却不是直线，而是华丽的大曲线。因此，给人的整体感觉就是具有过多的装饰和华美厚重的效果（见图 2-10）。

图 2-10　大曲线走廊

3. 巴洛克风格的装饰性

巴洛克风格追求富丽堂皇的效果，喜好精美的装饰和雕刻，造型烦琐、富于变化。巴洛克在装饰上追求极致，家具、地毯、装饰画、灯池、帷幔、吊顶、楼梯、门窗等都有精美的装饰与雕刻。其中，家具华丽的布面与精致的雕刻互相配合，地毯运用复杂的图案与地面铺饰融为一体，气质雍容。强调建筑绘画与雕塑以及室内环境等的综合性，突出夸张、浪漫、激情和非理性、幻觉、幻想的特点。通过打破均衡，使室内空间多变，并强调层次和深度（见图 2-11）。

图 2-11　精美而烦琐的装饰

综合以上特点，由于巴洛克风格追求的富丽堂皇效果，因此造价昂贵，适合那些中高收入且极力表现社会地位和艺术追求的人群，例如，中产人群、富裕人群。当然，巴洛克的富丽堂皇效果满足了一部分人的虚荣心，但是它也具有一些致命缺点，如把心思过多地花在装饰效果上，是其造价居高不下的主要原因。在实用性方面，巴洛克风格并没有体现出优势；虽然在布局上富于表现，层次和内涵上都很丰富，但是，仅停留在视觉享受上，功能性略显乏力。现代社会，节约环保的观念已经深入人心，过多的装饰，既显得烦琐，又显得铺张浪费。家具、墙壁、吊顶、灯具、地板等处过多的装饰，既容易让人产生审美疲劳，又有种“人满为患、画蛇添足”的意味。但是，巴洛克风格是欧洲古典风格最具代表性的风格之一，对于那些具有欧洲古典情怀、追求艺术氛围并想要体现社会地位的人来说，无疑是最佳选择。

二、洛可可风格

洛可可风格来源于18世纪20年代的法国，它继承和发扬了巴洛克风格中富于变化的造型和精美而烦琐的装饰；是巴洛克风格发展的第二阶段，也是最后阶段。可以说，洛可可风格在室内装饰上有着重大的变化：与巴洛克样式的厚重感相比，洛可可样式显得轻快、纤细许多。

洛可可风格的形成可以说是历史的必然。到了18世纪初期，巴洛克风格过多的装饰已经到了无以复加的地步，人们开始舍弃过度的装饰，转而朝向纤细、典雅的风格，即之后的洛可可风格。

从“洛可可”一词人们可以找到其风格艺术发展形式的特点。法国宫廷的庭园中，常用贝壳、岩石制作成假山。法语发音叫“洛卡优”，而意大利人误叫成“洛可可”，因此而流传开来并被广泛使用。运用贝壳螺纹图案中的曲线、褶皱等纹理进行构图分割。其装饰极尽烦琐、韵律十足、华丽典雅，以及大量运用中国卷草纹样（见图2-12），具有轻快、流动、向外扩展，以及纹样中的人物、植物、动物浑然一体的突出特点。

图2-12　中国卷草纹样

洛可可风格的特征有如下几点：

1. 洛可可风格的颜色运用

综观洛可可室内装饰风格，其在色彩上的运用以鲜艳明快的色调为主，常用薄荷绿/嫩绿、粉红色、玫瑰红等浅色调（见图2-13）；偏向浪漫、女性化特性。

图2-13　洛可可色彩风格

因此，可以把巴洛克风格划分为具有男性化象征的艺术，把洛可可风格划分为具有典型女性化的艺术。而洛可可在室内设计装饰中，所运用的色彩明快的浅色调风格，就是其最佳的女性化特征。

2. 洛可可风格的装饰性

洛可可风格的又一显著特征是其在装饰风格上显得纤巧多变，特别是在天花与墙面上的装饰，显得既丰富多变又纤巧生动（见图2-14）。在装饰线条上，多用柔线、弧线和曲线（包括“C”形、“S”形和涡卷形），拒绝硬朗线条。并且，大量运用贝壳、花束、花环等自然元素，作为其造型的参考。洛可可风格融合了东方元素，汲取中国的装饰风格：在中国的瓷器、桌椅以及橱柜等造型中汲取灵感，从陶瓷、花鸟纹样、扇面、流水线条等经典洛可可元素中都能体现出东方式优雅与内涵的装饰特点。

图 2-14　洛可可风格中纤巧多变的装饰

图 2-15　洛可可风格家具

在家具装饰上，善用金色和象牙白色：无论是橱柜、桌椅，还是镜子、墙壁；金边线脚更是无处不在。家具大多小巧、实用、不讲究气派、秩序，呈现女性特征（见图2-15）。烛台造型别致，镶金铜作为装饰，紧贴墙壁的小桌和单人沙发等小型家具细节较多。因此，在洛可可文化盛行的世纪，风雅别致成为了法国人的共同追求。洛可可风格注重细节、华丽纤巧的装饰，营造出奢华别致的室内环境。

但是，洛可可风格发展到了后期，同样出现了与巴洛克风格一样的弊端。总的来说：洛可可风格为了模仿自然形态，在室内建筑部件中也往往做成不对称形状，变化万千，但有时流于矫揉造作，即故意做作不自然。在室内装饰线条上，运用了大量的柔线、弧线、曲线等富于变化的线条，尽量回避直角、直线、阴影，显得没有对比，容易产生审美疲劳。洛可可风格发展到了后期，图案、造型达到了无以复加的地步，不善于取舍；并且难于体现出节奏和规律，使人容易产生视觉疲劳。其多使用鲜艳娇嫩的浅色调，过于偏向女性化，显得粉气与缺乏一定的理性。

思考题

（1）巴洛克风格与洛可可风格相比，有哪些本质上的区别?

（2）为什么说“巴洛克是男性化的艺术，洛可可是女性化的艺术”?

（3）洛可可风格受到哪些中国文化的影响?

第三节 新古典主义风格

新古典主义风格产生于18世纪五六十年代的罗马，盛行于18世纪中晚期，19世纪上半期发展至顶峰。新古典主义的设计风格其实是欧洲古典主义风格的改良版，既然以新的形式出现，那么它就与欧洲古典主义风格有着本质上的区别。

新古典主义风格的特征有以下几点：

一、新古典主义风格的来源

新古典主义风格与传统的欧洲古典主义风格相比，既追求和发展了古典风格简洁、典雅、节制的优良品质，同时也完美地融入了现代人的审美需求。所以，新古典主义风格，更像是一种多元化的思考方式，将怀古的浪漫情怀与现代人对生活的需求相结合，兼容华贵典雅与时尚现代，反映出后工业时代个性化的美学观点和文化品位（见图2-16）。

图2-16 具有双重审美效果的客厅

二、新古典主义风格的装饰性

新古典主义风格不再追求洛可可风格中过分矫饰的曲线和华丽到无以复加的装饰，而是追求合理的结构和简洁的形式；形成了粗与细、雅与俗、简与繁的对比特点。例如，在许多新古典主义建筑设计师的作品中，可以很明显地看到，一方面是高雅精致的细部，另一方面又有低俗粗犷的浑朴，两种对比鲜明的风格既互相对抗又互相统一。

洛可可风格以大量运用柔线、弧线、曲线等富裕变化的线条著称，尽量回避了直线，缺少对比。而新古典主义风格则反思了这一缺点，简化了线条变化，同时运用长直线，使装饰线条重回理性，显得端庄、典雅、大方、简洁（见图 2-17）。

图 2-17　简化后的新古典主义风格客厅

三、新古典主义风格的实用性与功能性

新古典主义风格在整体造型设计上既不是单纯的仿造传统古典主义风格，也不是照搬照抄的复制其基本形态，而是讲究“形散神聚”的特点，追求在艺术效果上

的神似。其用简化的手法、现代的材料和加工技术去追求传统样式的大致轮廓特点，还原古典气质，让人们在享受物质文明的同时得到精神上的慰藉。但在家具和陈设品的设计上，往往会照搬古代设施来烘托室内环境气氛，以达到增强历史文脉的作用（见图 2-18）。

图 2-18　形散神聚的新古典主义风格

四、新古典主义风格的颜色运用

与前期洛可可风格那种偏浪漫、女性化的色彩相比，新古典主义风格在色彩上的运用显得稳重、理性许多。新古典主义风格常见的主色调有白色、金色、黄色、暗红色，继承了传统的欧洲古典主义风格中的基本色调。其中，白色的运用，使整个室内空间在色彩和视觉上看起来明亮、开阔、大方，在心理上给人以开放、宽容的非凡气度，使空间丝毫不显局促。而金色和黄色的运用，显得金碧辉煌、高端大气。因此，新古典主义风格在色彩上的运用，整体显得高雅而和谐（见图 2-19）。

新古典主义风格发展到今天已经成熟，例如，在新古典主义的灯具与其他家居元素的组合搭配上做文章。在卧室里，可以将新古典主义的灯具配以洛可可式的梳妆台，古典床头蕾丝垂幔，再摆上一两件古典样式的装饰品（如小爱神——丘比特

图 2-19　新古典主义风格在色彩上的运用

像或挂一幅巴洛克时期的油画），让人们体会到古典的优雅与雍容。现在，也有人将欧式古典家具和中式古典家具摆放在一起，中西合璧，使东方的内敛与西方的浪漫相融合，也别有一番尊贵的感觉。但是，仁者见仁，智者见智。有些人会觉得新古典主义风格其实是欧洲古典风格的低配版，认为它丢失了太多的古典元素和内涵；也有人说它生硬地将古典主义与现代主义进行糅合，显得怪诞。

思考题

（1）新古典主义风格与传统的欧洲古典主义风格有何异同?

（2）如何理解新古典主义风格中的“新”?

（3）新古典主义风格是对哪种风格的反思，这种反思体现在哪些方面?

第四节　现代主义风格

现代主义风格起源于20世纪20年代前后，是一种以德国包豪斯学派为代表，以建筑设计为标志的设计风格。同时，它也是工业社会的产物，起源于1919年包豪斯(Bauhaus)学派，其在改革创新上，提倡突破传统，创造革新；在空间结构上，重视功能和空间组织，注重发挥结构构成本身所具有的形式美；在造型装饰上，推崇简洁、质朴的造型，反对多余而无用的装饰，并且崇尚合理的构成工艺；在材料的运用上，尊重材料本身固有的特性，讲究材料自身的质地和色彩的配置效果；并且，强调设计与工业生产的联系。

随着工业化进程推进与发展，一批欧洲艺术家、建筑设计师发起了新建筑运动。这期间出现了众多现代主义及其衍生设计流派：高技派、风格派、白色派、极简主义、装饰艺术、后现在主义、解构主义和新现在主义。这场运动为现代主义设计的发展起到了至关重要的作用，给人们的思想、精神带来了全新的改革。工业社会的发展趋势日益明显且不断壮大，技术水平也得到飞快提升。同时打破传统制作工艺，推崇新的建筑材料钢筋、混凝土、平版玻璃、钢材等的运用。

现代主义风格与传统的古典主义风格完全不一样，如果说欧洲古典主义风格是100%的传统元素，新古典主义风格是50%的传统元素加上50%的现代元素；那么，现代主义风格就是100%的现代元素。所以，需要对现代主义风格的特征进行了解。

一、现代主义风格的功能性和实用性

现代主义风格在室内设计空间的形式上，通常显得非常含蓄，而其往往能达到以少胜多、以简胜繁的效果。不管是设计元素、光影照明，还是色彩、原材料上，都简化到最少的程度。在家具组合形式上具有的创新有：以多功能组合柜为沙发背景，而组合柜的推拉门在造型上设计有滑轮，以及铝合金与钢化玻璃等材料的大量应用，都是现代风格家具的常见装饰手法，给人带来前卫、不受拘束的感觉。其中，组合柜在造型上，设计有时尚、简单的饰品，而其饰品又因其纯净的色彩给空间增

添了几分时尚气氛（见图 2-20）。

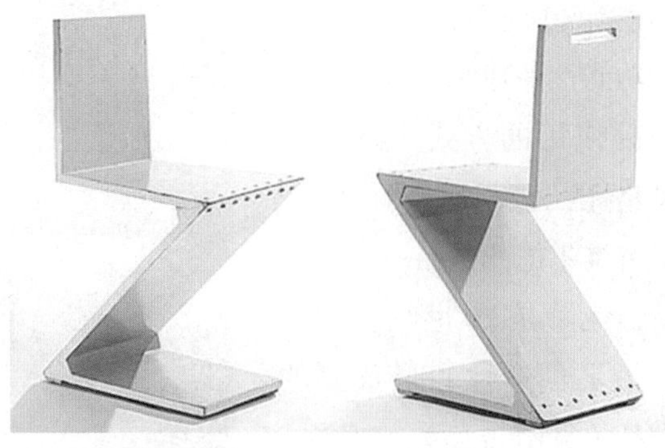
图 2-20　功能性极强的椅子

二、现代主义风格的装饰性

现代主义风格在内容和形式上都与传统的欧洲古典主义风格不同，欧洲古典主义风格主要强调的是装饰性，而现代主义风格则主要强调的是功能性、实用性。所以其另辟蹊径，完全摒弃传统的设计理念，不受传统观念的束缚。现代主义风格强调摒弃过度的装饰，而使用简单的线条、极少的装饰元素，以求突出其使用的功能性和实用性。而其又不能过度地简单化、功能化，需要在家具与软装上进行完美的配套，以达到完美的效果，并彰显其韵味。例如，沙发需要靠垫、餐桌需要餐桌布、床需要窗帘和床单陪衬，软装到位是现代简约风格家具装饰的关键。

图 2-21　现代主义风格的室内餐桌

一张沙发、一个茶几、一个电视柜，通过简单的线条，简单的组合，再加入超现实主义的无框画、金属灯罩、个性抱枕以及玻璃杯等简单的家装元素，就构成一个舒适简单的客厅空间（见图 2-21）。

三、现代主义风格的颜色运用

现代主义风格的色彩设计受到现代绘画流派思潮的影响很大，其在色彩上的运用主要体现在形式与内容上的对比协调和大胆创新，并与高质感的材料、高质量的工艺一同表现出来。根据现代主义风格的不同流派，它们在色彩上的运用也有很多差异性，例如：风格派强调原色（红、蓝、黄）的运用，通过使用简洁的基本形式和三原色创造出了优美而具功能性的建筑与家具。以一种使用的方式，体现了风格派的艺术原则。其中，里特维尔德的作品——红蓝椅，无疑是20世纪艺术史上最具创造性和最重要的作品（见图2-22）。白色派，顾名思义，其作品色彩表现形式以白色为主。在其看来，白色有不同的理解，他们认为白色是最丰富的，它包含了所有的颜色；它能容许其他的颜色表现出来，让人们欣赏到最好的光影效果（见图2-23）。

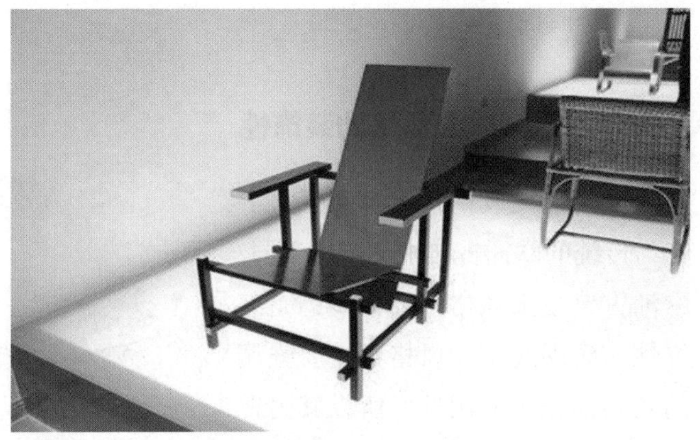

图2-22　红蓝椅

图2-23　白色派风格的卧室

现代主义风格的家具，强调色彩应具有跳跃性，通过对高纯色彩的大量运用，体现出大胆而灵活的特性。其不单是对现代主义风格家居的遵循，也是个性的展示。在有些室内客厅空间中，整个客厅被纯净的红色所主宰：红色的沙发、红色的背景墙、红色的地毯，个性张扬而不显得夸张。

所以，现代主义风格具有鲜明的理性主义和激进主义的色彩。

思考题

（1）现代主义风格是在什么情况下发展而来的?

（2）现代主义风格与欧洲古典主义风格、新古典主义风格相比，具有哪些显著特征?

（3）红蓝椅体现了设计者的什么设计思维?

第五节 后现代主义风格

后现代主义风格属于现代主义风格发展的第二阶段，产生于20世纪60年代后，80年代达到鼎盛。说到“现代主义”一词，最早出现在1934年一本名为《西班牙与西班牙语类诗选》的书中，其作者为西班牙作家德·奥尼斯。书中描述了现实中，现代主义内部已经发生了逆动，特别是对现代主义的纯理性有一种逆反心理，即为后现代主义风格。

纵观西方社会主流意识形态的发展，不管是古典主义、新古典主义，抑或是后来发展的现代主义，任何一种观念、主义都不是孤立地存在的，都有它产生、发展的土壤。后现代主义设计也是如此，它是西方工业文明发展到一定阶段的衍生物，具有一定的历史必然性；并在特定的文化环境、物质条件下反映出来。人们可以从后现代主义设计思潮的社会文化背景中寻求它的根源：现代主义的哲学根基是资本主义初期占统治地位的理性主义，并伴随着科学主义。强调“功能合理、形式服从功能、科学与技术的统一”是典型的理性主义的表现。到了20世纪60年代以后，非理性的人本主义、存在主义逐渐流行起来，并成为西方美学、文学、艺术各流派的重要的理论根据，这也就不难理解，为什么后现代主义的产生具有一定的历史必然性了。

后现代主义风格是对现代主义风格中纯理性主义偏向的批判，对后现代主义风格不能仅以所看到的视觉形象来评价，而是需要人们通过现象从设计思想来分析。后现代主义风格的特征主要体现为：

一、后现代主义风格的来源

与现代主义风格的另辟蹊径、完全摒弃传统的设计理念相比，后现代主义风格则强调建筑及室内空间装饰设计应具有历史的延续性。但是，后现代主义风格又不会拘泥于传统的逻辑思维方式，而是通过不断探索，来寻求造型手法上的创新。与新古典主义风格一样，后现代主义风格创建了一种人性化的建筑空间，来协调人与人之间、人与建筑之间、建筑与历史文脉之间的关系。通过改善建筑空间的亲和性，把建筑从一个冷冰冰的物体变成了一种富有人情味的空间。例如，在室内空间组织上，常设置夸张、变形的柱式和断裂的拱券，或把古典构件的抽象形式以新的手法组合在一起。也就是说，后现代主义采用了很多非传统的手法和手段，包括借用、变形、夸张、混合、叠加、错位、裂变、象征、隐喻，甚至是戏谑和嘲讽，创造出了一种既兼具感性主义和理性主义，又融合传统文化与现代文化，并且能被大众与行家认同和接受的室内空间环境（见图 2-24）。

图 2-24　后现代主义风格家具

二、后现代主义风格的装饰性

装饰几乎是后现代主义设计的一个最为典型的特征。后现代主义风格在室内设计中，重新主张采用装饰手法来达到视觉上和内容上的丰富，使装饰效果能满足人们的心理需求，而不是一味地强调以功能主义、理性主义为中心。因此，需要运用不同的形式内容和设计要素来达到装饰的目的。例如，运用图形、线条、光影、色彩等，以不同的形式和要素来实现不同的传播功能。而这些形式和要素就是构成用来传达各种信息媒介的载体。

图 2-25　汉斯·霍莱恩设计的玛丽莲沙发

此外，后现代主义还

主要强调历史和文化。后现代主义风格对现代主义风格全然摒弃的古典主义异常关注，但并不因此搞纯粹的复古主义。而是将各种古典主义在创作设计中的一些手法、要素、细节、精髓作为一种隐喻的词汇来加以运用，并采用折中主义的处理手法，开创了装饰主义的新阶段，使室内装饰设计具有历史文化内涵。值得肯定的是，装饰艺术在室内设计中的回归，使人们对装饰意识和手法有了新的认识。

因此，单纯从文化内涵来看，后现代主义的装饰风格体现了其对于历史文化具有极大的包容性，例如，汉斯·霍莱恩设计的玛丽莲沙发就综合了古罗马、波普艺术和装饰艺术运动的风格特征（见图 2-25）。

思考题

（1）如何区别后现代主义风格与现代主义风格?

（2）后现代主义风格产生的依据是什么?

（3）后现代主义风格的设计手法有哪些?

第六节 美式田园风格

美式田园风格又称“美式乡村风格”。它的形成与发展深受西方文化和殖民文化的影响，并伴随着美国的西进运动逐渐在各地区形成具有美国时代特色的室内设计风格。

19 世纪初期以来，美国的领土扩张吸引了外来移民，向西越过阿巴拉契亚山脉不断地迁移到西海岸，参与交通运输建设和发展农牧业，开采大量自然资源，促进了美国的工业化进程。同时，由于北美的地理环境、气候条件和北美地区人民生活状况的不同，直接影响了美国的建筑特色和装饰风格；渐渐形成了独特的美式田园风格的精神内涵。

美式田园风格的特征有以下几点：

一、美式田园风格的来源与装饰

15 世纪末，西班牙、荷兰、英国等殖民者开始向北美移民。与此同时带来了西方文化，包括室内空间装饰风格。美国是一个移民国家，而美式田园风格将不同风格中的优秀元素进行汇集融合，体现了兼容并蓄的精神风貌。但是，美式田园风格又不是生硬地将各种不同风格元素进行糅合或者照搬照抄；而是有自己独特的设计理念，即倡导推崇自然、回归自然、结合自然，这与中国传统的设计思想有异曲同工之处。美式田园风格力求表现出悠闲、舒畅、自然的田园生活情趣，创造出一种高雅、简单、朴素、自然的生活气氛。例如，美式田园风格既有欧洲古典主义风格的文化内涵，富有历史气息；又有新古典主义风格创新意识，具有现代气息。同时其也受地中海风格的影响，在设计中地中海样式的拱券出现。在材料选择上也常用木材、石材、竹类、藤类等具有天然而质朴纹理的材质；并在室内多设置绿化，有野花盆栽、小麦草等，巧妙地创造出具有简朴、高雅、自然的氛围（见图 2-26）。

图 2-26 美式田园风格的拱券及绿化

二、美式田园风格的色彩运用

美式田园风格在颜色的运用上主要有米黄色、麦色、原木色、板岩色、古董白、绿色、土褐色等自然柔和的颜色。在室内整体色调上，一般常用暖色调，体现其阳光绚烂、麦田丰收的自然景象（见图 2-27）；当然也会运用少量偏冷的色调，如绿色的深沉、紫色的庄重。其注重清新淡雅的生活，装饰颜色清淡；并配上以自然为元素的图案，显得简洁明快。同时，其还注重怀旧感：家具的颜色常运用仿旧漆、仿木材，以达到复古、怀旧的效果。

图 2-27 美式田园风格暖色调卧室

三、美式田园风格的实用性与功能性

受到早期殖民、拓荒的影响，美式田园风格讲究实用性和功能性。家具外形与装饰摒弃了烦琐与奢华的效果，通常以粗犷的体积和简化的装饰线条为主。显得干净、干练，但又不失优美造型和完备的功能。室内常用软装作为配饰，其表面装饰设计多以碎花图案、经典的田园格子、麦草卷堆等自然元素为主。地面铺设材料常使用橡木、胡桃木、红樱桃木抛光地板，同时在局部配有花卉纹样地毯。常运用具有田园风情的灯饰、陶瓷挂饰、仿古瓦罐型花器、西式天使摆件等各种精致的饰品作为室内的装饰物件。室内墙面多用清新淡雅、图案简洁自然的壁纸，既有生活情调，又便于打扫。所以，非常适合现代人的生活需求（见图2-28）。

图 2-28　美式田园风格装饰及材料元素

思考题

（1）美式田园风格有哪些主要的设计元素?

（2）美式田园风格是如何体现地域性的?

（3）美式田园风格主要营造了什么样的室内氛围?

（4）与地中海风格相比，美式田园风格在颜色上的运用有什么异同?

第七节　现代中式风格

现代中式风格是一种使用中式元素和手法的现代室内装饰风格，具有现代主义风格特点。在此之前，中国传统文化受到自身的束缚和外来文化的影响：在中国本土出现过多次反传统的思潮，主张消灭或摒弃传统文化；而外来文化在当时又是追逐的时尚，人们大量模仿欧式建筑，如欧洲洋房、罗马柱、雕像等。而后，现代主义建筑运动盛行，发展出了室内设计专业，并且出现了国际式建筑，使得建筑单一化、形式化，缺乏地方特色。人们开始意识到本土文化的重要性，都开始从自身文化范围中找寻设计灵感。但是，早期的“寻根”、“溯源”只是单纯的模仿、拷贝、照搬照抄，只学其“形”不学其“神”。

随着人们生活水平的不断提高，生活质量的需求和个人的审美、追求也在不断提高。人们渐渐地对传统文化有了清醒的认识，开始以理性的思考和严谨的态度从中国古代历史文化形成、演变、发展的过程中探求本土意识。久而久之，逐渐成熟的新一代设计队伍和消费市场孕育出了含蓄秀美的现代中式风格的室内装饰。

现代中式风格的特征有如下几点：

一、现代中式风格的来源

图 2-29　万字纹元素和空间分隔

简单地说，现代中式风格是将中国传统的古典风格进行现代化改造、创新，以满足现代人的生活、审美需求。现代中式风格在室内装饰设计中并不是简单地对传统文化进行复古、还原，而是提取古典元素，融入现代化的室内生活空间。与欧洲的新古典主义风格一样，不仅需要掌握过硬的室内设计专业知识，而且还要对传统文化“庖丁解牛”；只有具备这两种条件，才能完美地将中式风格呈现出来。例如，将中国传统的万字纹运用到室内造型装饰中，包括吊顶的石膏线、门窗的装饰线、镜框的装饰线、瓷砖的装饰线、灯具的造型线、屏风、隔板、电视背景墙、装饰画框等都能运用“万字纹”元素。继承我国传统居室的空间层次感，运用门、窗、屏风、隔板分隔室内空间，以达到移步异景、若实若虚、增强趣味性的效果（见图 2-29）。总体布局讲究对称均衡、规整有度、端庄优雅。室内空间装饰造型简单化、几何化、符号化。与传统的中国古典风格相比，现代中式风格在视觉和心理上给人一种轻松愉悦的感受，源于其造型简洁、明朗、富有内涵。在空间造型上，多采用简洁硬朗的直线条以及采用简单的几何图形，以圆形、矩形为主，少数使用扇形、瓶形（见图 2-30）。现代中式室内装饰既有传统装饰内敛、质朴、气质，又有现代人追求的简洁生活气息。

图 2-30　瓶形门框

二、现代中式风格的色彩运用

传统的丰富与现代的简洁形成对比，在现代中式风格中这两种特征都得以体现。在室内空间大多使用留白的设计手法，其实也就是强调对比，颜色深与浅、繁与简、虚与实的对比。而且装饰色彩多以木色为主，有棕色、黄色、红色、暗红色、暗紫色；其中，大多颜色较深。如吊顶装饰线、吊灯轮廓线、画框、窗框、门框等以深木色为主，并且造型简洁。家具多以梨花木、紫檀木、红木等暖色实木为主，并配合简洁的造型，显得韵味十足。地面多以仿木纹瓷砖、青石砖、大理石瓷砖为主，颜色显得古朴。墙面多留白，与深色的造型线条、家具、装饰品、装饰画、木纹地板等形成对比，给人一种收放自如、简洁明亮、富有韵味的感觉（见图 2-31）。

图 2-31　对比强烈而简洁的客厅

三、现代中式风格的装饰性

传统的中国古典室内装饰中，有很多值得现代人学习、运用的精华。例如，字画、匾幅、挂屏、盆景、瓷器、古玩、屏风、博古架、雕花隔扇、落地罩以及手工艺品等，都是古人留下来的智慧结晶，应该加以利用。所以，在现代中式风格中可以在留白的墙面上装饰字画、折

图 2-32　墙面上的装饰画

图 2-33　现代中式风格家具

扇、中国结、诗词对联等具有古韵的饰品；还可以在装饰灯具、屏风、背景墙、床单、地毯上，雕绘山水画、花鸟鱼虫、诗词歌赋以及中国传统纹饰（见图 2-32）。而家具多以参考明清家具为主，如官椅、鼓凳、四方桌等这些经典的古代家具（见图 2-33）。装饰材料常使用丝、纱、织物、壁纸、玻璃、仿古瓷砖、大理石瓷砖等。当然，这些都要经过设计师的精心设计才能达到装饰的效果，要适当地、合理地装饰，否则会适得其反、画蛇添足。

思考题

（1）与传统的中式风格相比，现代中式风格具有哪些创新?

（2）现代中式风格与欧洲新古典主义风格在设计理念上有何异同?

（3）在现代中式风格装饰中，是如何运用传统中国元素的?

第八节 日本和式风格

和式风格又称日式风格，由日本佛教建筑发展而来。而日本佛教文化又是受中国唐朝文化影响：盛唐时，鉴真东渡日本，带去了中原文化，包括佛教、文字、服饰、饮食、起居、建筑、工具等。其中，佛教建筑就是一个典型的代表。日本是一个善于把他国文化变成自己本国文化的国家，虽然日本很多地方都保留了唐朝的建筑模式，尤其是古都奈良，但是很多细节都具有日本独有的特色。其中，和式风格的室内装修设计就是其中的特色之一。

日本和式风格的特征有如下几点：

一、日本和式风格的实用性与功能性

日本受到佛教禅宗文化的影响也体现在室内空间组织上，室内分布多为流通式的功能分区，室内与院落相通；因此讲究空间的流动与分隔：流动则为一室，分隔则为不同的功能空间。动中有静，静中有动；一静一动，禅意无穷。除了有墙体对空间进行分隔之外，还有推拉门、屏风、隔板等（见图 2-34）。室内空间强调功能性，造型要求简洁分明，装饰以较少的点缀为主。由于日本人的生活习惯和传统习俗（受古代中国影响），喜欢席地而坐，睡也在地板上。所以，其室内空间的利用率特别高，实用性远远高于装饰性。例如，在一个功能空间中，白天可以在榻榻米上放几个坐垫、摆上一张矮桌，休闲室使用，可以喝茶聊

图 2-34 和式风格室内分隔空间

天、吃饭、下棋、看书等。到了晚上，将坐垫、矮桌撤走，在榻榻米席面铺上床垫、被子、枕头，就可以当卧室使用了。这对于一些室内空间狭小、不足、单一的业主来说是一种非常好的选择（见图 2-35）。此外，日本和式风格整体室内空间有较强的几何立体感，包括房屋结构、室内装饰线、木格子推拉门、榻榻米床都强调规整、立体的效果。

图 2-35 实用性极强的分隔空间

二、日本和式风格的色彩运用

图 2-36 追求自然的原木色餐厅

日本和式风格的室内设计在颜色上多使用原木色，以及竹、藤、麻等天然材料的固有颜色。与其追求清新自然、淡雅简洁、和谐统一的思想不谋而合，形成朴素的自然风格。而墙面粉刷米黄色涂料，与原木色风格一致、协调统一（见图 2-36）。

材料上同样追求自然的效果，日本和式风格室内装饰中的榻榻米、竹席、草席、木质地板、家具、灯饰、木质推拉门，以及推拉门上糊的和纸，都是经过精心挑选和加工的天然材料，再经过脱水、烘干、杀虫、消毒、防水等处理，确保了天然材料的持久耐用和安全卫生。既给人一种回归自然的归属感，又达到了环保、高利用率的效果（见图 2-37）。

图 2-37　儿童房中的榻榻米

三、日本和式风格的装饰性

日本和式风格不主张过度装饰，喜欢安静、清雅、朴素的效果。与欧洲古典主义风格追求的豪华奢侈、富丽堂皇、高端大气、精致典雅形成了鲜明的对比。而它与田园风格、地中海风格有着极其相似的地方，都追求与自然融为一体，来源于自然又回归自然。装饰来源于自然，不加修饰，还原材料固有的美，例如，在日本和式风格室内经常能见到榻榻米，其兼具实用和装饰功能。原木材在室内大量使用，不管是地面、墙面、天花，还是家具、推拉门、隔板、屏风等。由于受到中国文化的影响，在日本和式风格的室内装饰中也可以看到字画等写意的装饰作品（见图 2-38）。

图 2-38 日本和式风格的装饰画

思考题

（1）日本和式风格与地中海风格、美式田园风格有哪些异同?

（2）日本和式风格是如何体现其功能的独特性的?

（3）与现代中式风格相比，日本和式风格如何体现其文化氛围?

第三章
室内设计方法

本章重点：掌握室内装饰设计的具体要求，了解方案设计图纸和施工设计图纸的种类。

本章难点：室内装饰设计形式和内在的辩证关系、方案设计图纸与施工设计图纸间的相对关系以及室内工程项目验收的标准。

室内设计是一门综合性学科，内容广泛，设计专业面广。在学习室内设计的专业知识时，是从概念、方法论到设计、实践、施工的学习过程。室内设计师要从这个过程中学会总结，提炼出经验，凝结出室内设计方法。本章从室内空间设计的基本原则出发，结合室内设计的步骤和基本方法，对室内设计具体如何实践，以及整个装修施工流程、施工验收进行了整体性的讲述。从理论的高度出发，由表及里地阐述了室内设计方法的精髓，为处于学习过程中的室内设计以及设计相关从业人员提供可行性的设计方法。

第一节　室内设计基本原则

优秀的室内设计要同时满足使用功能要求、审美要求、现代技术等各项要求。现代的室内设计在满足功能的前提下，在形式上进一步要求符合地域特点、地域民俗文化特征。设计师在进行设计时应该把握好这些基本原则，进行设计时可以做到功能和形式的协调统一，从而达到既能够满足客户功能需求，同时能够达到美化室内空间的目的。

一、室内装饰设计的使用功能要求

室内设计要充分考虑功能使用要求，把满足人在室内空间的生产、生活、工作、休息的需求置于首位。设计师需要同时考虑到：如何使室内空间环境合理化、舒适化、科学化；如何满足人的活动规律、生活作息、兴趣爱好等需求；如何处理好室内空间关系、比例关系；如何合理配置装饰与家具，妥善处理室内空间的通风、照明等专业问题。

二、室内装饰设计的审美要求

室内设计在满足使用功能要求的前提下，要进一步满足客户审美需求。室内设计属于环境艺术的一种，良好的室内环境会潜移默化影响人的情感、意志乃至行动。所以设计师在做室内空间形式设计的时候，需要把握人的基本特征和审美心理需求，如设计风格偏好、冷暖色调搭配、灯光设施强度、室内湿度温度、空间分割比例等因素，并根据室内空间的实际情况进行设计，由此满足使用者在审美方面的追求。

三、室内设计的现代技术的要求

现代室内装饰设计属于现代科学技术范畴，为了使室内设计更好地满足功能和审美的设计要求，设计师需要将创新设计意识和现代技术紧密结合。在室内设计中，建筑的空间与结构必须协调统一，这要求室内设计者必须具备扎实的结构类型知识功底，掌握结构体系中各类材料的性能、特点，熟悉市场上新型材料的应用，将现代技术完美地融入室内设计中。

四、室内设计中体现地域特点和民俗文化的要求

不同人群所处的地区、地理气候的差异，包括不同民族信仰、生活习俗与文化传统的差异，会形成不同风格类型的建筑。室内设计需要贴合人的心理与生活习性，而以人为本是设计的核心理念。室内设计师需要了解客户的民族信仰、文化知识程度、当地风俗等特点，并结合当地地域文化特点，将民族性和地域性融入室内设计形式中，让室内设计更好地满足不同地区、不同人群的文化需求。

思考题

（1）室内设计如何做到形式与内在相对统一?

（2）室内设计需要满足人的哪些功能需求? 请举例说明。

第二节 室内设计方法

室内设计师在进行室内设计时要从设计的整体进行思考，从设计的细节着手，从整体到细节进行深入探究。从设计整体进行思考，即是第一节所讲的设计基本原则，从全局的角度出发，考虑设计的总体方向与内涵。从细节着手，是指具体进行设计时，必须根据室内的使用性质，深入调查、收集信息，掌握必要的资料和数据，从最基本的人体尺度、人流动线、活动范围、家具与设备的规模和尺寸等方面着手。

室内设计师在进行室内设计时还要做到从外观到内部和谐，从整体到局部统一。建筑师 A. 依可尼可夫曾说："任何建筑创作，应是内部构成因素和外部联系之间相互作用的结果，也就是'从里到外'、'从外到里'。"室内环境的"里"以及这一室内环境连接的其他室内环境与建筑室外环境的"外"，它们之间有着相互依存的密切关系，设计时需要从里到外，从外到里多次反复协调，使作品更趋完善合理。室内环境需要与建筑整体的性质、标准、风格等方面相协调统一。一位合格的室内设计师正因为要做到整体设计的内外统一，所以在进行室内设计时要先有构思后有设计，立意与表达并重。设计的构思、立意至关重要，可以说，一项设计没有立意就等于没有"灵魂"，设计的难度也往往在于要有一个好的构思。具体设计时，意在笔先固然好，但是一个较为成熟的构思，往往需要足够的信息量，在设计前期和出方案过程中使立意、构思逐步明确，有条不紊地进行下一步的设计。

对于室内设计来说，准确、完整，又有表现力地表达出室内环境设计的构思和意图，使建设者和评审人员能够通过图纸、模型、说明等，全面地了解设计意图，也是非常重要的。在设计投标竞争中，图纸的完整、精确、优美能给评审团带来良好的印象，因为在设计中，外观形象毕竟是很重要的一个方面，而图纸表达则是设计者的语言，一个优秀的室内设计的内涵和表达也应该是统一的。

总的来讲，室内装饰设计方法的方向是从功能到形式，要在尽量满足人的功能需求的前提下强调室内装饰的形式表现问题。室内设计师把握和权衡好室内装饰设计内在功能和外在形式的尺度，创造出功能与美感兼备的室内空间，从而提升室内空间舒适度，同时满足客户审美需求。

思考题

（1）室内设计师的前期调查包括哪些内容?

（2）室内装饰设计需要考虑哪些因素? 请举例说明。

第三节　室内设计程序步骤

室内设计根据设计的进程，通常可以分为五个阶段：设计准备阶段、方案设计阶段、施工图设计阶段、设计实施阶段和工程验收阶段。

一、设计准备阶段

设计准备阶段主要是接受委托任务书，签订合同，或者根据标书要求参加投标。主要与客户洽谈合同、浏览文案以达成共识，把设计对象、注意事项、影响因素明确；确定设计期限并制定设计计划进度安排，考虑各有关工种的配合与协调；明确设计任务和要求，如室内设计任务的使用性质、功能特点、设计规模、等级标准、总造价，根据任务的使用性质所需创造的室内环境氛围、文化内涵或艺术风格等；熟悉设计有关的规范和定额标准，收集分析必要的资料和信息，包括对现场的调查踏勘以及对同类型实例的考察等。在签订合同或制定投标文件时，还包括设计进度安排，设计费率标准，即室内设计收取业主设计费占室内装饰总投入资金的百分比。

二、方案设计阶段

方案设计阶段是在设计准备阶段的基础上，进一步收集、分析、运用与设计任务有关的资料与信息，设计师在充分了解行情并且勘查现场后开始构思立意，进行初步方案设计以及方案的深化加工、绘制图纸，准备两套或多套方案进行分析与比较。设计师需要在业主的认可下确定初步设计方案，提供设计文件。室内初步方案的文件通常包括：

1. 平面图

平面图一般反映下列主要内容（见图 3-1、图 3-2）：

（1）房间的平面结构形式、平面内部尺寸。

（2）门窗位置的平面尺寸、门窗的开启方向和墙、柱的断面形状及尺寸。

（3）室内家具、设施设备（如电气设备、卫生间设备等）、织物、摆设、绿化、地面铺设等平面布置的具体位置。

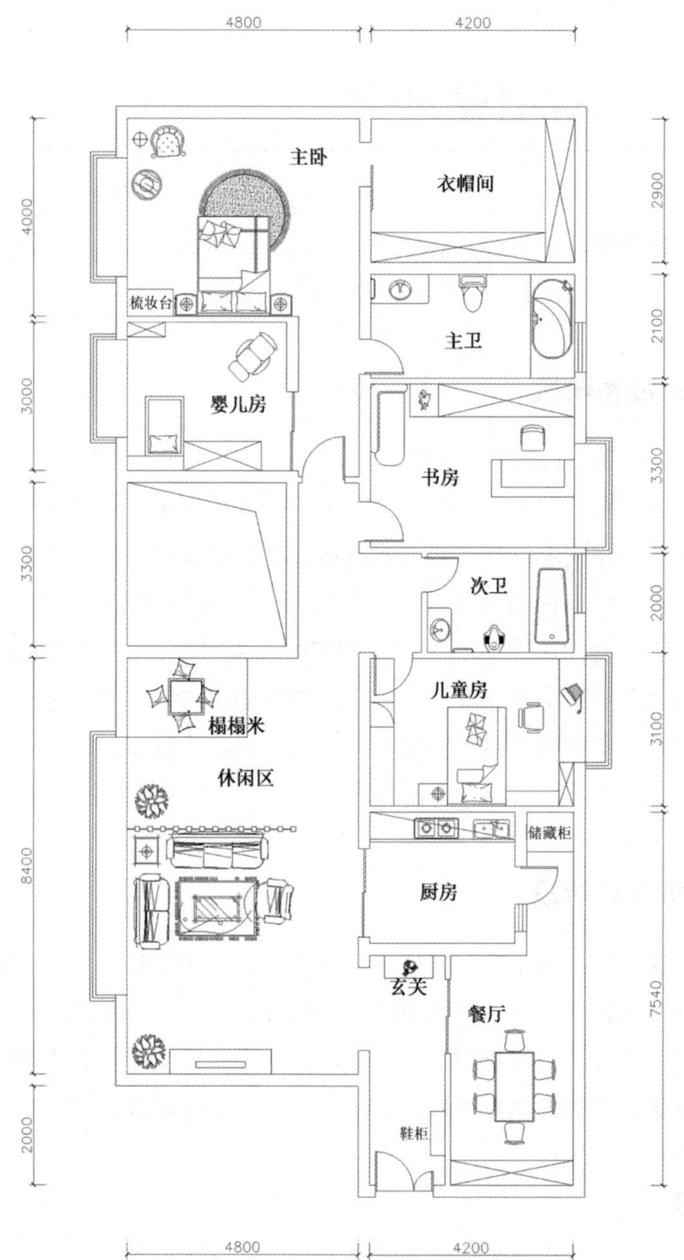
4800
4200
主卧
衣帽间
梳妆台
主卫
婴儿房
书房
次卫
儿童房
榻榻米
休闲区
储藏柜
厨房
玄关
餐厅
鞋柜
4000
3000
3300
8400
2000
2900
2100
3300
2000
3100
7540
平面布置图 1:100

图 3-1 室内平面图 1

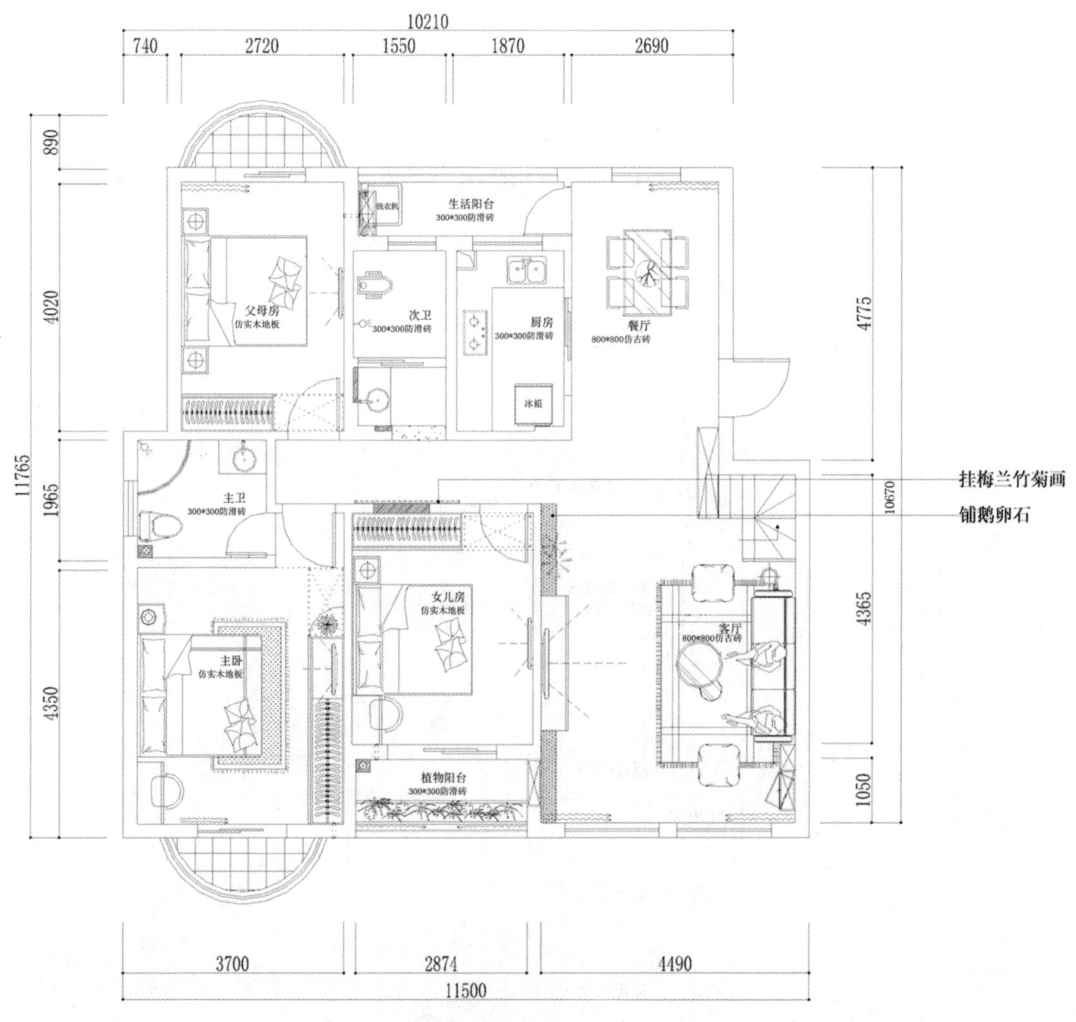

图 3-2　室内平面图 2

平面图的图线样式在绘制中需要注意，被剖切到的墙、柱的断面轮廓线通常是用粗实线表示。在剖切的断面内，应画出材料图例。在比例为 1:100、1:200 的平面图中，墙、柱断面内留空面积小于材料图例，所以往往留出空白，对钢筋混凝土的墙、柱断面则用涂黑表示剖切墙体断面。在 1:100、1:200 的平面图中，所有墙身的厚度均不包括粉刷层。在 1:50 或比例更大的平面图中墙身厚度则用细实线画出。另外，平面图中的窗台、楼梯、家具、织物、绿化等均用中实线表示；地板、地砖、引出线、尺寸线等应用细实线来表示。

2. 顶棚平面图

顶棚平面图（见图3-3）一般指顶棚的镜像投影平面图，即假想室内地面上水平放置的平面镜中映出的顶棚在地平面上的图像，它能比较完整地展示顶棚布置和装修情况。有时也可用顶棚仰视图（见图3-4），即人站在地面上向上仰视的正投影。

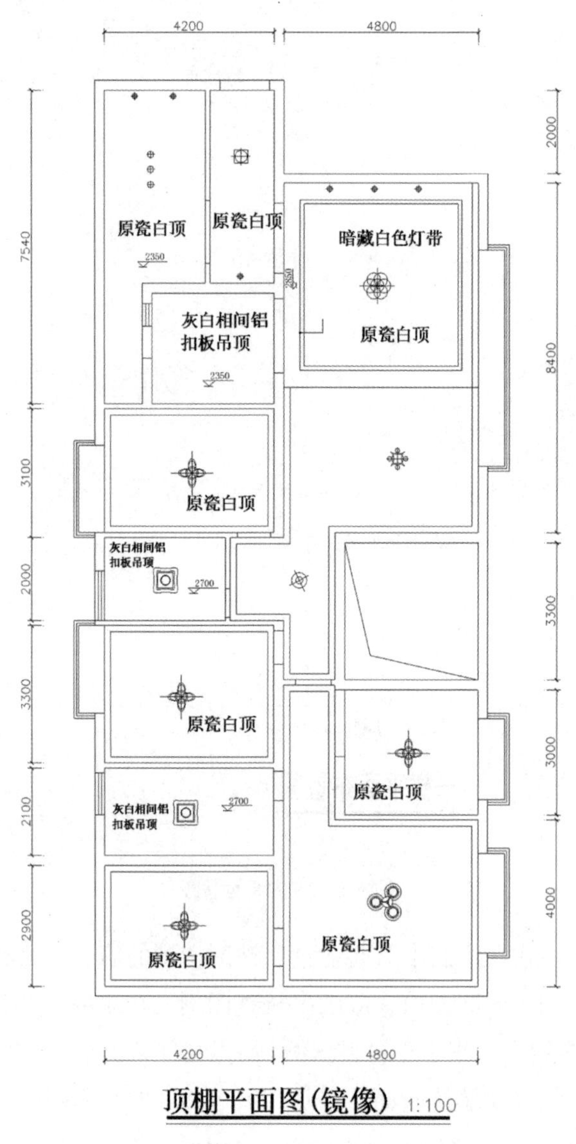

图3-3　顶棚平面图

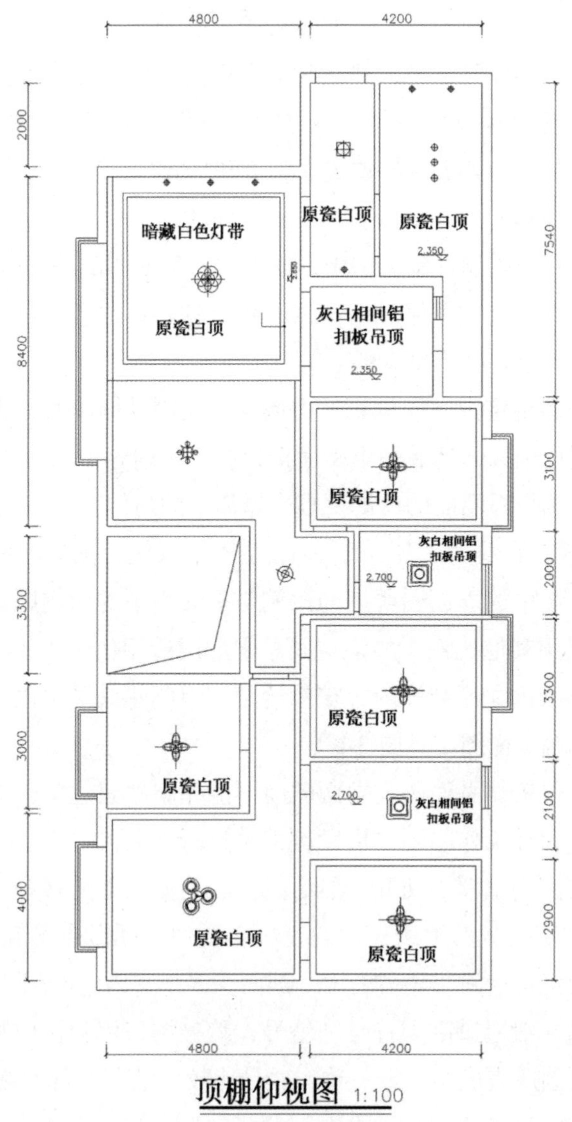

图 3-4 顶棚仰视图

仰视平面图与地平面图表现的是同一室内空间的顶棚与地面，其实上下轴线是相对的。仰视平面图的横向轴线与地平面图上的排列是一致的。然而，由于仰视图在投影展开时是向上展开的，物体的前后方向与地平面图恰好相反，因此仰视平面图的纵向定位轴线的排列也恰与地平面图相反。这样在施工时经常会出现一些问题，所以在室内设计施工图中常采用顶棚平面图的方法来表现。

顶棚平面图所显示的图像从横轴线的排列与地平面图完全相同，只是所表现的图像是上面的顶棚。为了引起施工人员的注意，在标注图名“顶棚平面图”时，应在其后用括号加注“镜像”二字，并在其下用粗实线画一水平横线，如图 3-3 所示。顶棚平面图一般需标明顶棚所用材料、结构及制作方法等。此外，还需标明灯具、空调风口、烟感器、音响等设备的位置、种类和形式。

3. 立面图和剖面图

（1）立面图。在室内设计施工图中，立面图、剖面图反映了家具、设施、织物、摆设、绿化、家用电器竖向关系和一些嵌入项目的具体位置。因此，室内设计施工图的立面图和剖面图也是必不可少的。

立面图主要是表现室内空间见到的内墙面。绘制立面图时首先要看清楚平面图中的剖视符号、定位轴线，然后画出墙面设计的工程内容（见图 3-5）。

立面图一般应画出对墙面的装饰要求，墙面上的附加物，如壁柜、壁灯、壁炉、壁龛、装饰画、隔扇、门窗等；靠墙的家具、立灯、绿化、隔屏等也应逐个标示清楚。

室内设计施工图中的立面图所用的比例与平面图中的比例原则上要一致，但是在特殊情况下可使用其他比例。如某空间总平面图所用比例为 1∶200，如果用此比例画立面图很难把室内立面装饰内容交代清楚，因此建议采用比例为 1∶50、1∶100 等其他较大的比例画立面图（见图 3-6）。

（2）剖面图。仅依靠平面图、立面图尚不能完整地表达室内空间的内部结构和形象，因此，实际设计工作中还要借助剖面图进行更具体的表达。通常设想有一个垂直剖切的竖面将室内空间剖切开，然后将挡在前面的部分移开，对后面部分进行投影。再次垂直剖切的竖面上所显示的正投影图像，就形成了剖面图。一般来说，室内设计较少涉及建筑空间改建与表现，剖面图多于室内立面图合并表达。

剖面图的图名一般冠以剖切符号和编号，编号均采用阿拉伯数字和汉语拼音字母，一定要与平面图所表述的完全一致，这是比较科学且一目了然的表示方法。

剖面图的效果主要表达建筑室内空间的竖向形状和大小、顶棚内部的构成、上下左右空间的相对关系以及可见的实物等。剖面图控制了建筑室内空间的竖向数据，故竖向尺寸与标高的标注是室内剖面图上必不可少的内容。

为了图面整洁以及表述内容的周详，剖面图上往往采用某些材质图例和详图索引。如果图像、图例符号和数据还不足以表达剖面图上的意思，此时需要有文字标注的内容。图中可以利用引出线用文字标注，以便交代得更为详尽具体。

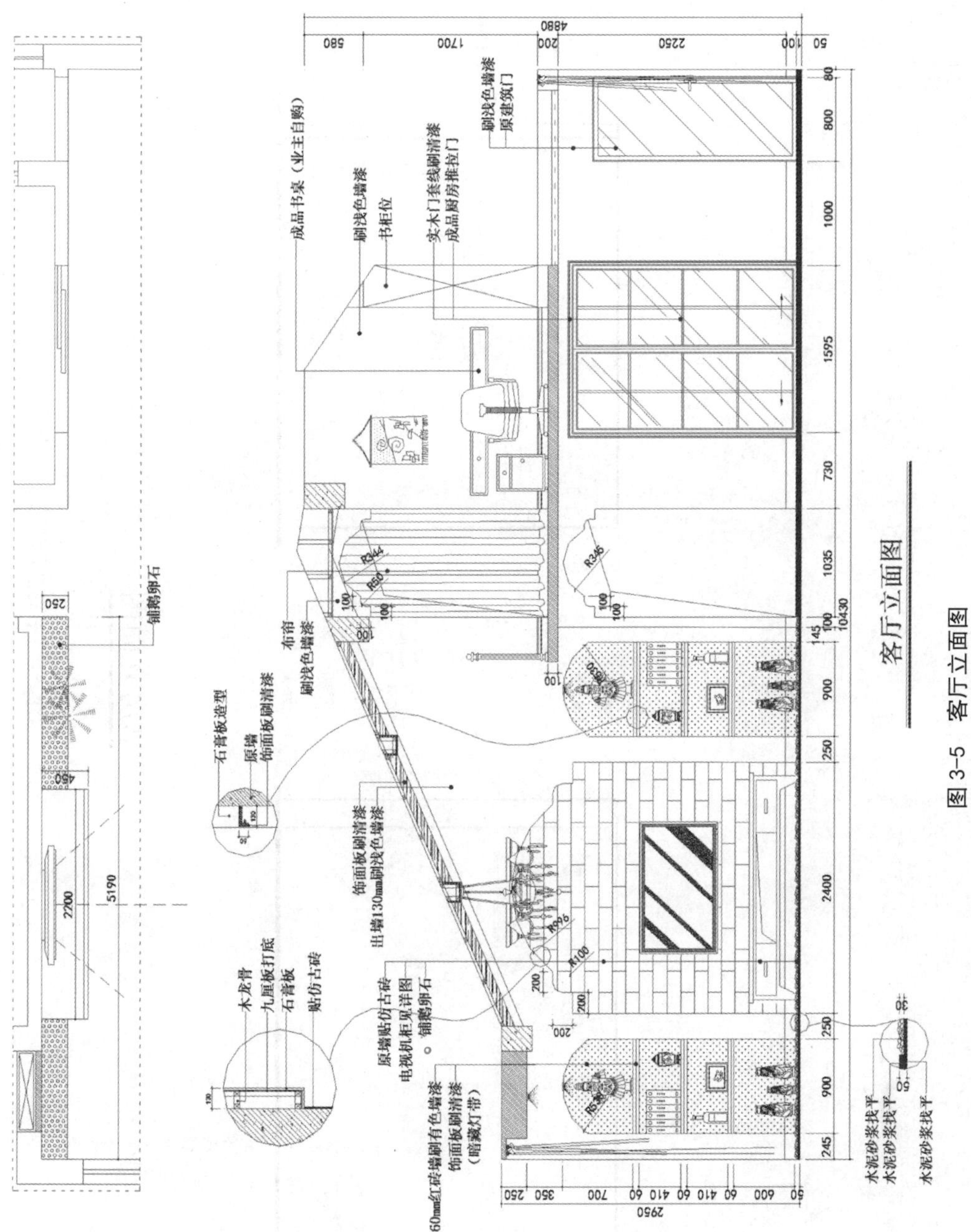
客厅立面图
成品书桌（业主自购）
刷浅色墙漆
书柜位
实木门套线刷清漆
成品厨房推拉门
刷浅色墙漆
原建筑门
布帘
刷浅色墙漆
石膏板造型
原墙
饰面板刷清漆
饰面板刷清漆
出墙130mm刷浅色墙漆
原墙贴仿古砖
电视机柜见详图
铺鹅卵石
60mm红砖墙刷有色墙漆
饰面板刷清漆
（暗藏灯带）
木龙骨
九厘板打底
石膏板
贴仿古砖
铺鹅卵石
水泥砂浆找平
水泥砂浆找平
水泥砂浆找平
4880
10430
2950
5190
2200

图 3-5 客厅立面图

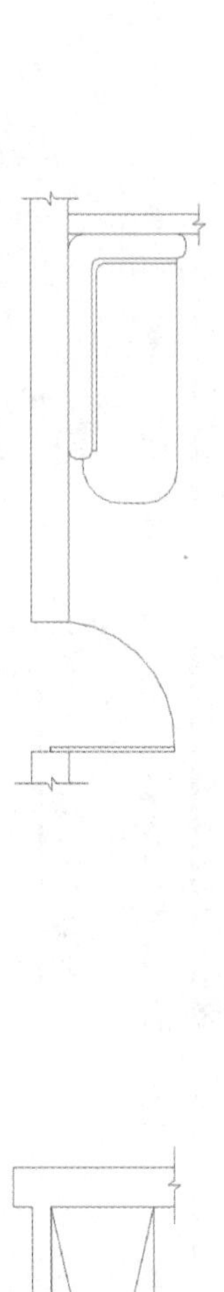

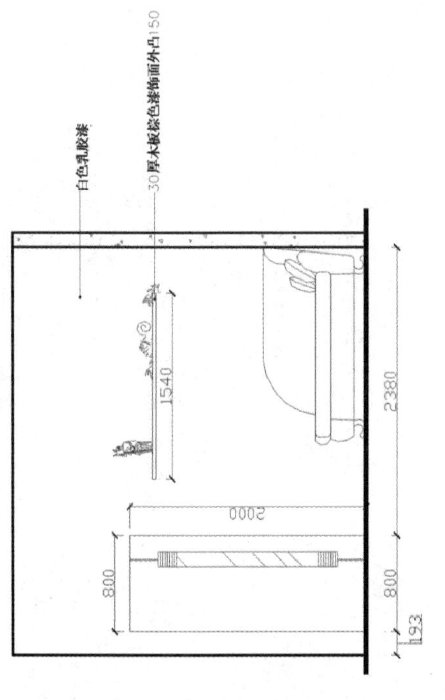

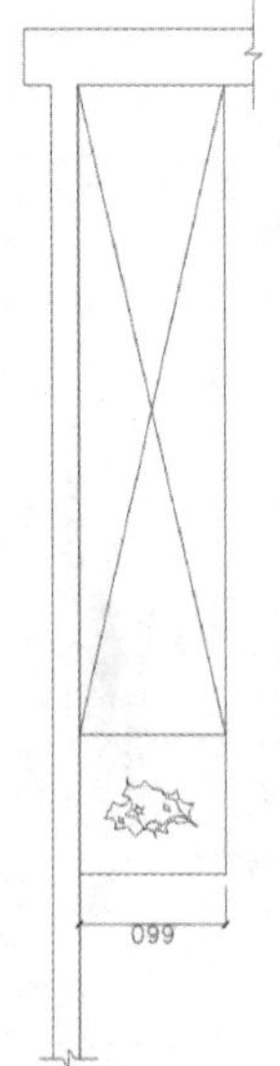

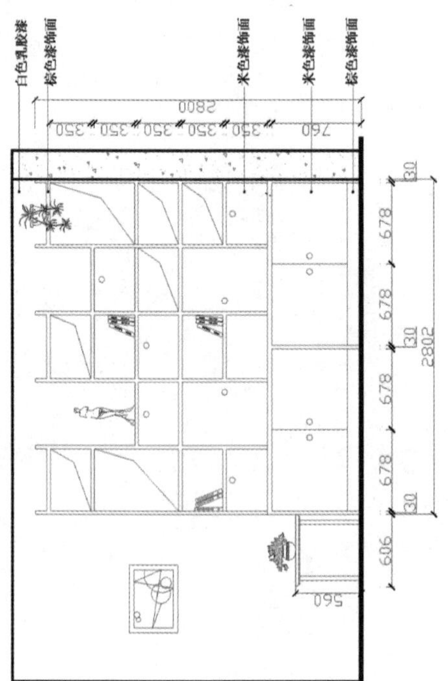

书房立面图

图 3-6 书房立面图

4. 室内设计效果图

室内设计效果图（见图 3-7、图 3-8）是通过图片直观表达室内设计作品预期能达到的效果画面，它是通过 3D 效果图制作软件，将创意构思进行形象化、具象化。室内设计效果图能更形象地将室内设计师的设计效果反馈给客户。而室内设计效果图的制作，则要求室内设计师有扎实的专业基础，有清晰合理的空间思维并有操作 3D 效果图制作软件的技能。

图 3-7　室内设计效果图 1

图 3-8　室内设计效果图 2

5. 设计意图说明和造价概算

初步设计方案需经审定后，方可进行施工图设计及预算报价。

三、施工图设计阶段

设计师需要在完成方案以及客户确认后进行施工图设计，供施工人员施工时使用。

1. 设计师在施工图设计阶段需要在方案图的基础上补充施工所必要的开关布置（见图 3-9）、室内立面和地面材质（见图 3-10）等图纸

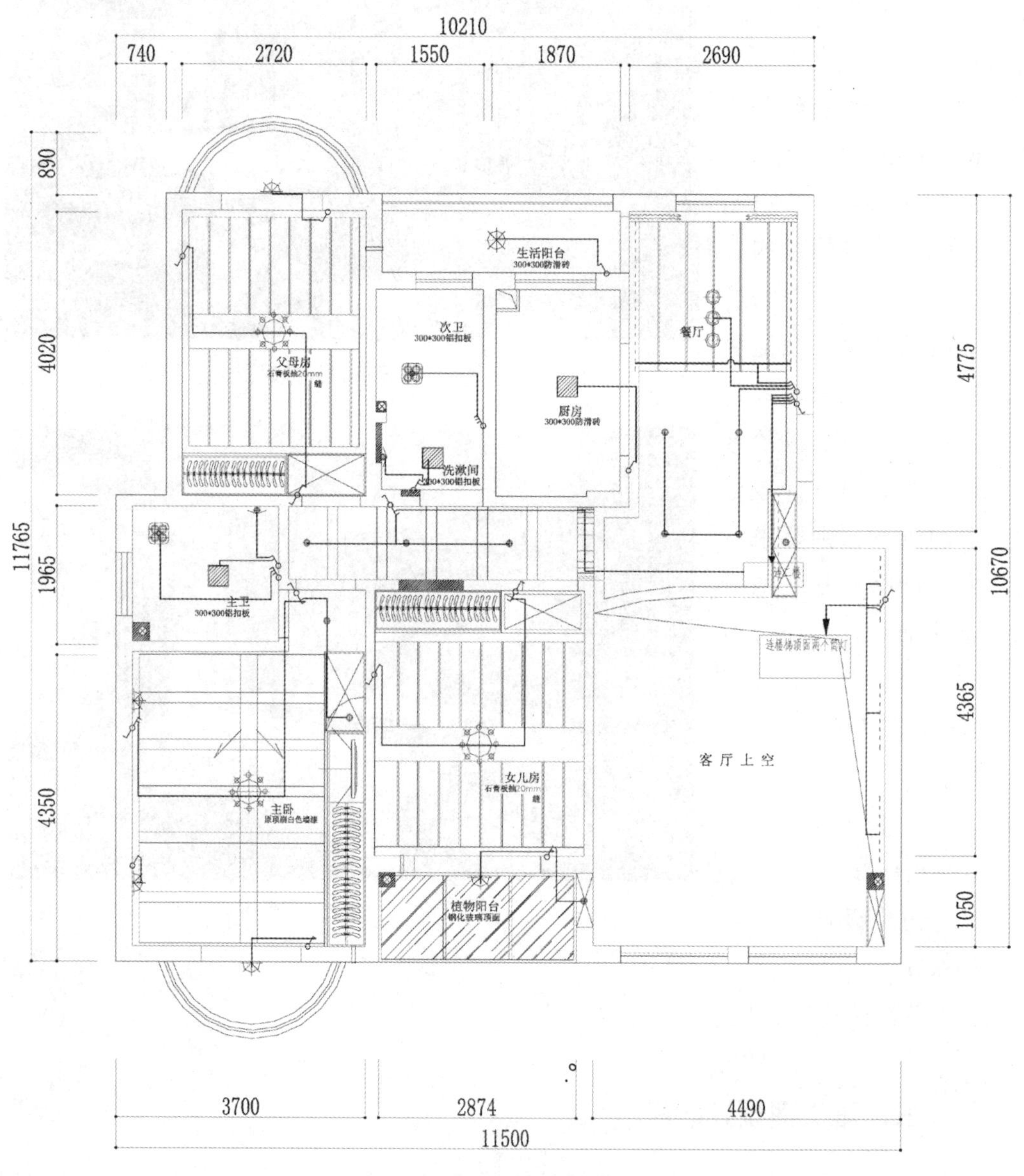

图 3-9　开关布置图

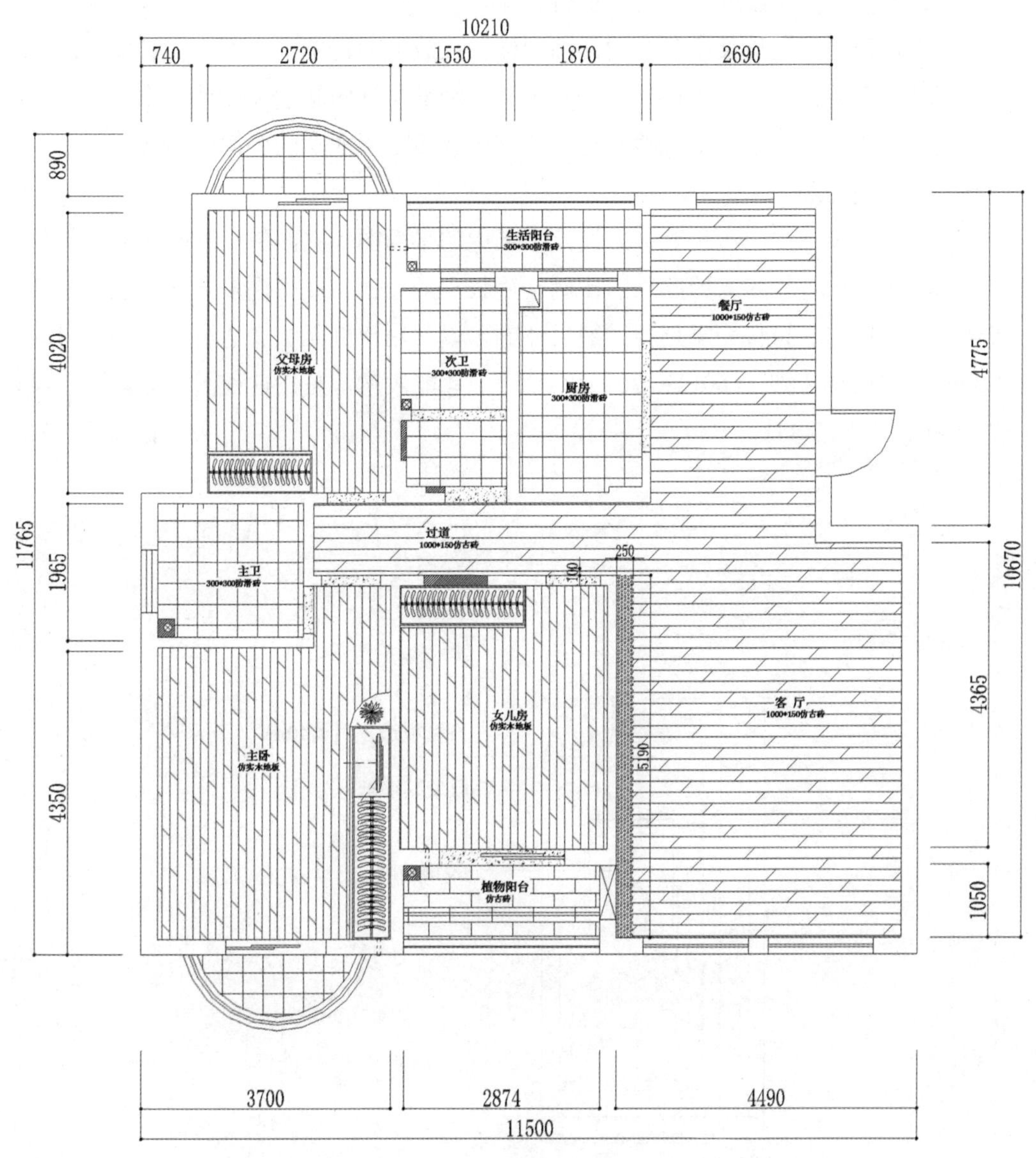
10210
740
2720
1550
1870
2690
890
4020
11765
1965
4350
4775
10670
4365
1050
生活阳台
300*300防滑砖
餐厅
1000*150仿古砖
父母房
仿实木地板
次卫
300*300防滑砖
厨房
300*300防滑砖
过道
1000*150仿古砖
主卫
300*300防滑砖
250
100
女儿房
仿实木地板
客 厅
1000*150仿古砖
主卧
仿实木地板
5190
植物阳台
仿古砖
3700
2874
4490
11500
一楼地面材质图

图 3-10　地面材质图

2. 设计师在复杂设计中需要绘制细部详图

室内设计详图是指某些部位的详细图样，用放大的比例画出那些在其他视图中难以表达清楚的部位。室内设计施工图中的各个部位详图是全部设计工作的重要部分，是提高施工质量的重要步骤，是保证室内装修工程成功的关键。因此，详图的绘制必须准确无误。

（1）房间装饰详图。一般室内设计图纸中的平面图、立面图、剖面图表示的房屋面积较大、内容较多，因此绘图比例常用较小的比例，使得许多详细构造（包括式样、层次做法、材料、家具和详细尺寸等）以常用比例无法表达清楚，必须另外绘制较大的图样（如 1∶50、1∶30、1∶20 等）才能表达清楚，这种图样称详图，又称大样图 (见图 3-11)。

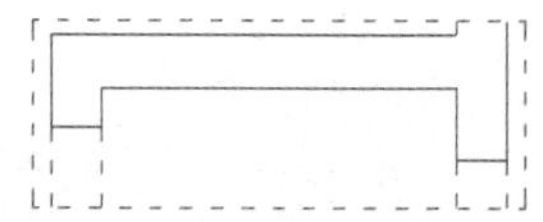

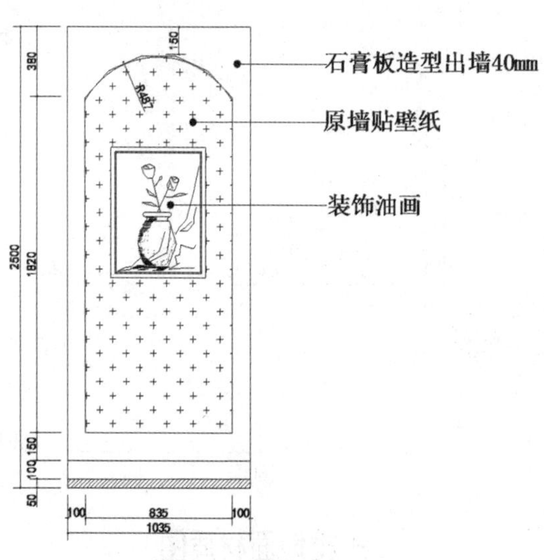

图 3-11　房间装饰详图

各部位详图因表现对象的不同而有所区别。设计师根据施工需要，房间的顶棚、地面、墙面的装饰可做专门的详图。

（2）装饰构件详图。室内设计施工图中有许多独立的构件，如门、窗、影视墙、壁炉、吧台、盥洗台、暖气罩、挑廊、壁柜等，在室内设计施工图纸中均要画出详图，这样才能保证室内装饰工程的质量以及工程的顺利进行。在图纸上展示室内装饰构件详图一般都采用平面图、立面图和剖面图（见图 3-12）。所以，对室内设计者来说，室内装饰构件详图的构思要先于施工图，必须考虑详图的现实性与技术实现的可能性。室内装饰构件详图的比例要根据图面效果而定，既要使图示内容表达清晰，又要使画面舒展、紧凑。室内装饰构件平面、立面、剖面详图的比例一般采用 1∶10、1∶20、1∶30 等常规比例。

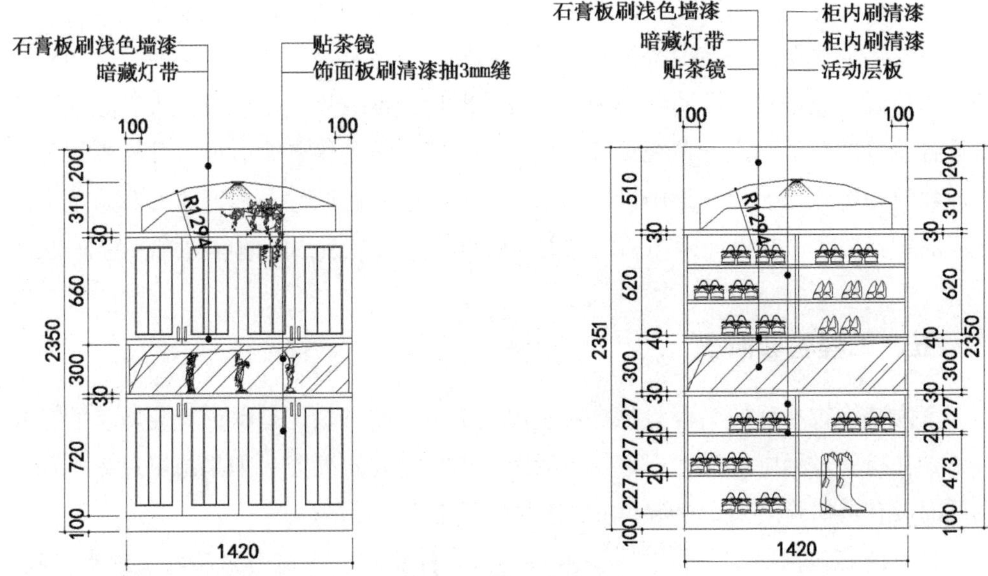

图 3-12　装饰构件详图

（3）节点详图。节点详图是室内设计装修工程最基本和最具体的工作图。它直接被装饰构件详图所引用，是装饰构件详图非常重要的部分。可以说，节点详图是详图中的详图。节点详图一般用在建筑施工中较多，室内设计与施工中较少涉及。

详图的表示方法要视细部构造的复杂程度和表达的范围而定。有的只要用一个剖面详图即可，有的则需要另加平面节点详图或立面节点详图，还有的甚至同时需用平面、立面、剖面详图。尤其是那些较为复杂的构件，除本身的平面、立面、剖面详图以外，还要在剖面详图中再加一些节点详图，才能将每一个结合部分的构造表达清楚。

3. 设计师需要编制施工说明和造价预算

设计师还需和施工方与材料供应商等各方面人员协商、校对方案，没有纰漏后才可以施工。

四、设计实施阶段

设计实施阶段也即是工程的施工阶段。室内工程在施工前，设计人员应向施工单位进行设计意图说明及图纸的技术交底。工程施工期间需按图纸要求核对施工实况，有时还需根据现场实况提出对图纸的局部修改或补充。施工结束时，会同质检部门和建设单位进行工程验收。为了使设计取得预期效果，室内设计人员必须抓好设计各阶段的环节，充分重视设计、施工、材料、设备等各个方面，并熟悉、重视与原建筑物的建筑设计、设施设计的衔接，同时还须协调好与建设单位和施工单位之间的相互关系，在设计意图和构思方面取得沟通与共识，以期取得理想的效果。

五、工程验收阶段

室内装修竣工后的工程验收是对室内施工结果的审核，是保证家装质量的必要环节，在检验过程中发现工程存在的问题，还有整改的机会；如果施工过程中存在问题而没有被检验出来，会给业主的正常生活带来不小的麻烦。

验收内容包括吊顶项目验收、木质门窗工程验收、木窗帘盒验收、地板验收、混油涂刷验收、清油涂刷验收、乳胶漆涂刷验收、墙面瓷砖验收、地面石材及瓷质砖验收、裱糊壁纸或壁布验收、厨房设备验收、隔断墙验收、电路改造工程验收及水路改造工程验收。

1. 吊顶项目的验收

（1）纸面石膏板吊顶的验收。吊顶的标高和规格是否符合设计要求，各平面、立面表面是否平整，无起拱、塌落及凹凸不平；龙骨与饰面板安装是否牢固，各界面交接处无裂缝；灯具布局是否合理，横竖对称，开关灵活有效；装饰线是否安装平直，接口直顺；饰面涂料漆膜平滑，无流坠、气泡、皱纹、漏刷等质量缺陷。

（2）铝合金吊顶或 PVC 吊顶的验收。吊顶的标高和规格是否符合设计要求，龙骨与饰面板是否安装牢固，饰面板各平面、立面是否表面平整，无凹凸不平，无划痕、碰伤。

（3）木格栅吊顶的验收。龙骨表面是否刨光，接口处开榫，横、竖龙骨交接处是否开半榫搭接，是否进行阻燃剂涂刷处理，且安装牢固；顶棚吊件是否用粗金属丝是否固定在龙骨的里面挂钩上，四周的木龙骨固定在墙上；木格栅是否分格均匀、端正、表面平整、无塌陷、无起拱，颜色、花纹均匀一致；内部灯光是否布局均匀；终饰漆膜是否完整、均匀、无划痕、无污染；玻璃安装是否牢固。

2. 木质门窗工程的验收

木门窗安装前应先进行检验，除检验其材质等是否符合要求外，还应重点检验门窗扇的宽、高与图纸尺寸是否一致，与框套是否匹配，开启方向是否与要求相符，构造是否合理，安装合页的洞口预埋件是否准确、牢固，门窗扇与框的合页位置是否一致，门扇与门框的锁具开口是否吻合，安装插销、门吸的位置是否准确；现场制作的木门窗，除检测尺寸外，还应检测门窗的外观质量和加工质量；作为装饰用木门窗，表面不得有腐蚀点、死节、破残，开棒处接缝紧密，门扇无翘曲、无扭曲变形，门扇方正，门扇与门框吻合，门扇应以刚能塞入门口为宜，以留出以后的刨修余地；木线构造符合设计要求，粘钉牢固、顺滑、平直。木门窗套的施工：木门窗套的制作应符合设计要求，使用的树种、材质与门扇配套，门楣、贴脸使用与设计相符；目测木门窗套表面无明显质量缺陷；用于拍击不应有空鼓声，用尺测量垂直度与门窗扇的吻合情况，表面漆膜平滑、光亮，无流坠、气泡、皱纹等质量缺陷。

常见问题及处理方法：

（1）门窗扇与框缝隙大。主要原因是安装时刨修不准及门窗框与地面不垂直，可将门窗扇卸下刨修至与框吻合后重新安装，如门窗框不垂直，应在框板内垫片找直。

（2）五金件安装质量差。原因是平开门的合页没上正，导致门窗扇与框套不平整。可将每个合页先拧下一个螺丝，然后调整门窗扇与框的平整度，调整修理无误后再拧紧全部螺丝钉。如合页螺丝短、螺丝一次钉入及倾斜，都会导致门窗扇晃荡，修理时应更换合适的螺丝钉。上螺钉时必须平直，螺丝应先钉入全长的 1/3，然后拧入其余 2/3，严禁一次钉入或倾斜拧入。

（3）门扇开关不顺利。主要原因是锁具安装有问题，应将锁舌板卸下，用凿子修理舌槽，调整门框锁舌口位置后再安装上锁舌板。

（4）推拉门窗滑动时拧劲。主要原因是上、下轨道或轨槽的中心线未在同一铅垂面内。应调整轨道位置，使上、下轨道或轨槽的中心线铅垂对准。

（5）门窗洞口侧面不垂直。主要原因是没有垫木片找直。应返工垫平，用长尺测量无误后再装垫层板。

（6）表面有色差、破损、腐斑、裂纹等。这种情况都必须更换饰面板解决。包门窗套使用木材应与门窗扇木质、颜色协调，饰面板与木线条色差不能大，木种应相同。

（7）用手敲击门套侧面板有空鼓声。表明底层未垫衬大芯板，应拆除面板后加垫大芯板。

3. 木窗帘盒的验收

窗帘盒规格为高 100mm 左右，宽度依照使用窗帘杆的数量确定（单杆为 120mm，双杆为 150mm 以上），长度根据设计要求，最短应超过窗口宽度 300mm（两侧各超出 150mm），最长可与墙体通长；制作窗帘盒最好使用大芯板，开燕尾槽粘胶对接，如饰面为清油涂刷，应做与窗框套同材质的饰面板粘贴，粘贴面为窗帘盒的外侧面及底面；贯通式窗帘盒可直接固定在两侧墙面及顶面上，非贯通式窗帘应使用金属支架，一般使用铁支架，铁支架在结构施工中已预埋，也可直接固定在墙面及顶面上；固定时，在固定点打孔，安放塑料胀销，用螺丝钉固定；为保证窗帘盒安装平整，两侧距窗洞口长度相等，安装前应先弹线；安装窗帘盒后，还将进行饰面的装饰施工，应对安装后的窗帘盒进行保护，防止污染和破坏。

木窗帘盒在验收时要注意，木窗帘盒安装应按设计尺寸，房间如果吊顶，窗帘盒不应突出顶部，如单独安装窗帘盒，则应安装平直；窗帘盒表面处理同墙壁裱糊或细木工装修应符合质量标准，窗帘杆安装应符合设计要求，安装要平直、牢固。

木窗帘盒施工常见质量问题及处理方法：

（1）窗帘盒松动。主要原因是制作时棒眼松旷或同基体连接不牢固所致，如果是棒眼对接不紧，应拆下窗帘盒，修理棒眼后重新安装。如果是同基体连接不牢固，应用螺丝钉并进一步拧紧，或增加固定点。

（2）窗帘盒不正。主要原因是安装时没有弹线就安装，使两端高低差和侧向位置安装差超过允许偏差。应将窗帘盒拆下，按要求弹线后重装。

4. 地板（含实木地板、竹地板及各种复合地板）的验收

地板在验收时要注意木龙骨应无疤结、无虫蛀、无黑芯、无树皮，安装牢固，地板长度为 450mm 以下的，龙骨中间距与地板长度相等；地板长度为 600mm 以上的，龙骨中间距为地板长度的 1/2。木地板的材质品种、质量等级要符合设计要求，含水率应在 10% 左右，术龙骨、垫木做防腐处理；木龙骨安装牢固、平直，间距和固定方法符合规范要求，板面铺钉牢固、无松动，粘贴牢固、无空鼓，使用胶的品种符合规范要求；目测检查木地板表面刨平、磨光，无创痕、戗茬和毛刺，图案清晰，清油面层颜色一致，铺装方向正确，面层接缝严密，接头位置错开（以地板长度的 1/2

为佳），表面洁净；踢脚板铺设接缝严密，表面光滑，高度及出墙厚度一致；用 2m 靠尺检查，地面平整度误差小于 1mm，缝隙宽度小于 0.3mm，踢脚板上口平直度误差小于 3mm，拼缝平直度误差小于 2mm。

地板验收常见质量问题及处理方法：

（1）空鼓响声。原因是固定不实所致，主要是衬板与龙骨之间或衬板与地板之间钉子数量少或钉得不牢，有时是由于板材含水率变化引起收缩或胶液不合格所致。防治方法除严格检验板材含水率、胶粘剂等质量，检验合格后才能使用；安装时钉子不宜过少，并应确保钉牢，每安装完一块板，用脚踩踏检验无响声后再装下一块，如有响声应即刻返工。

（2）表面不平。主要原因是基层不平或地板条变形起拱所致。在安装施工时，应用水平尺对龙骨表面找平，如果不平应垫垫木调整；龙骨上应做通风小槽；板边距墙面应留出 10mm 的通风缝隙；保温隔音层材料必须干燥，防止木地板受潮后起拱；木地板表面平整度误差应在 1mm 以内。

（3）拼缝不严。除施工中安装不规范外，板材宽度尺寸的误差大及企口加工质量差也是重要原因；施工中，除了要认真检验地板质量外，安装时，企口应平铺，在板前钉扒钉，用模块将地板缝隙磨得一致后，再钉钉子。

（4）局部翘鼓。主要原因除板子受潮变形外，还有毛板拼缝太小或无缝，使用中水管等漏水泡湿地板所致。施工中，要在安装衬板时留 3mm 缝隙，木龙骨刻通风槽；地板铺装后，如需涂刷地板漆，应保证漆膜完整，日常使用中要防止水流入地板下部，要及时清理面层的积水。

5. 混油涂刷的验收

混油涂刷木器表面是家庭装修中常使用的饰面装饰手段之一。混油是指用调和漆、磁漆等油漆涂料，对木器表面进行涂刷装饰，使木器表面失去原来的木色及木纹花纹，特别适于树种较差、材料饰面有缺陷但不影响使用的情况下选用，可以达到较完美的装修效果。在现代风格的装修中，由于混油可改变木材的本色，色彩就更为丰富，又可节省材料费用，受到青年人的偏爱，应用十分广泛，已经逐渐成为家庭装修中饰面涂刷的重要组成部分。

混油涂刷施工项目验收时要注意施工使用的油漆种类应符合设计要求，涂刷面的颜色要一致，无刷纹痕迹，不允许有脱皮、漏刷、反锈、泛白、透底、流坠、皱皮、裹棱及颜色不匀等缺陷；用手触摸漆面时，光滑、无挡手感，木器相邻的五金件、玻璃及墙壁洁净，无油迹。

混油涂刷常见质量问题及处理方法：

（1）起泡。起泡是由于木材含水率高或木材本身含有油脂所致，特别是大芯板直接涂刷混油时容易出现。另外，施工环境温度过高、木材表层干燥而内层未干就涂刷下一遍油也是重要原因。施工中要保证木材干燥并完全除去木材中的油脂，操作时要等上一层涂层完全干燥后再涂刷下一遍。修复时应铲除气泡、清理底层，待干燥后涂刷 108 胶，披刮腻子，待腻子干后涂刷面层。

（2）渗色。渗色主要是由于木材中的染料、木脂渗透或底层颜色比面层深所致。防治的方法是在施工中，面层颜色应比底层深，木材中节疤等染料、木脂高的部位，必须用漆片封固。如果发生渗色，修理时应先打磨漆膜，然后再涂刷一遍面漆。

6. 清油涂刷的验收

清油涂刷在验收时要注意清油涂刷的颜色及使用的清油种类应符合设计要求，涂刷面不允许有漏刷、脱皮、斑迹、裹棱、流坠、皱皮等质量缺陷，木纹要清楚，棕眼要刮平，颜色要一致，无刷纹，手触摸检查时，表面光滑平整，无挡手感，漆膜光亮柔和，同木器相邻的五金件、玻璃、墙壁及地面洁净，无油渍。

清油涂刷常见质量问题及处理方法：

清油涂刷受多种因素影响，常见的质量缺陷有流坠、刷纹、皱纹、针孔、失光、涂膜粗糙等。

（1）流坠。流坠的主要原因是涂料黏度过低，油刷蘸油过多或喷嘴口径太大，或是稀释剂选用不当。在施工中涂料的黏度要稠稀合理，每遍涂刷厚度要控制。油刷蘸油时，每次要勤蘸、少蘸、勤顺，特别是凹槽处及造型细微处要及时刷平，注意施工现场的通风。修理时应等待漆膜干透后，用水砂纸将漆膜打磨平滑后，再涂刷一遍面漆。

（2）刷纹。刷纹的主要原因是涂料黏度过大，涂刷时未顺木纹方向顺刷，使用油刷过小、刷毛过硬及刷毛不齐所致。施工时应选择配套的稀释剂和质量好的毛刷，涂料黏度调整适宜。修理时，用水砂纸轻轻打磨漆面，使漆面平整后，再涂刷一遍面漆。

（3）皱纹。皱纹的主要原因是涂刷时或涂刷后，漆膜遇高温、高热或太阳暴晒，表层干燥收缩而里层未干，也可能是漆膜过厚。施工中应避免在高温及日光暴晒条件下操作，根据气温变化，可适当加入稀释剂，漆层厚度要薄。出现皱纹后，应待漆膜干透后用水砂纸打磨，重新涂刷。

（4）针孔。针孔的主要原因是涂料黏度大、施工现场温度过低，涂刷时产生气泡，涂料中有杂质。应根据气候条件购买适用的清漆，避免在低温、大风天施工。清漆黏度不宜过大，加入稀释剂搅拌后应停一段时间再用。

（5）失光。失光的主要原因是施工时空气中的湿度过大，涂料未干时遇烟熏，基层处理油污不彻底。施工中应避免阴雨、严寒及潮湿环境，现场严禁烟尘，基层处理时要彻底清除油污。出现失光，可用远红外线照射，或薄涂一层加有防潮剂的涂料。

（6）漆膜粗糙。漆膜粗糙的主要原因是油漆质量差、施工环境中灰尘大、工具不清洁。除按规范要求施工外，应选择质量较好的清漆。修复时，可用水砂纸将漆膜打磨光滑，然后再涂刷一遍面层清漆。

7. 乳胶漆涂刷的验收

乳胶漆涂刷在验收时要注意施工使用的材料品种、颜色应符合设计要求，涂刷面颜色要一致，不允许有透地、漏刷、掉粉、皮碱、起皮、咬色等质量缺陷。使用喷枪喷涂时，喷点疏密均匀，不允许有连皮现象，不允许有流坠，手触摸漆膜光滑、不掉粉，门窗及灯具、家具等洁净，无涂料痕迹。

乳胶漆涂刷常见的质量缺陷有起泡、反碱掉粉、流坠、透底及涂层不平滑等。乳胶漆涂刷常见质量问题及处理方法：

（1）起泡。起泡的主要原因有基层处理不当、涂层过厚，特别是大芯板做基层时容易出现起泡。防治的方法除涂料在使用前要搅拌均匀，掌握好漆液的稠度外，可在涂刷前在底腻子层上刷一遍 108 胶水。在返工修复时，应将起泡脱皮处清理干净，刷 108 胶水后再进行修补。

（2）反碱掉粉。反碱掉粉的主要原因是基层未干透，未刷封固底漆及涂料过稀也是重要原因。如发现反碱掉粉，应返工重涂，将已涂刷的材料清除，待基层干透后再施工。施工中必须用封固底漆先刷一遍，特别是对新墙；面漆的稠度要合适，白色墙面应稍稠些。

（3）流坠。流坠的主要原因是涂料黏度过低，涂层太厚。施工中必须调好涂料的稠度，不能加水过多，操作时，排笔一定要勤蘸、少蘸、勤顺，避免出现流挂、流淌。如发生流坠，需等漆膜干燥后用细砂纸打磨，清理饰面后再涂刷一遍面漆。

（4）透底。透底的主要原因是涂刷时涂料过稀、次数不够或材料质量差。在施工中应选择含固量高、遮盖力强的产品，如发现透底，可增加面漆的涂刷次数。

（5）涂层不平滑。涂层不平滑的主要原因是漆液有杂质、漆液过稠、乳胶漆质量差。在施工中要使用流平性好的品牌，最后一遍面漆涂刷前，漆液应过滤后使用。

漆液不能过稠，发生涂层不平滑时，可用细砂纸打磨光滑后，再涂刷一遍面漆。

8. 墙面瓷砖的验收

墙面瓷砖铺贴前，必须进行选砖，墙面瓷砖粘贴必须牢固，无歪斜、碰瓷、缺棱、掉角和裂缝等缺陷，同一区域内的颜色与尺寸一致。墙面瓷砖验收时要注意，墙砖铺粘表面要平整、洁净，色泽协调，图案安排合理，无变色、泛碱、污痕和显著光泽受损处。砖块接缝填嵌密实、顺直、宽窄均匀、颜色一致，遇水无渗透、无脱落，缝隙宽度小于 1mm，阴阳角处搭接方向正确。非整砖使用部位适当，排列平直。预留孔洞尺寸正确、边缘整齐。检查平整度误差小于 2mm，立面垂直误差小于 2mm，接缝高低偏差小于 0.5mm，平直度小于 2mm，四角平整度误差小于 1mm，阳角采用 45° 裁口拼接；轻敲砖的表面不得有空洞感，空鼓率小于 5%。

墙面瓷砖粘贴常见的质量缺陷为空鼓脱落、变色、接缝不平直和表面裂缝等。墙面瓷砖粘贴常见质量问题及处理方法：

（1）空鼓脱落。空鼓脱落的主要原因是黏结材料不充实、砖块浸泡不够及基层处理不净。施工时，釉面砖必须清洁干净，浸泡时间不少于 2 小时，黏结厚度应控制在 7 ~ 10mm，不得过厚或过薄。粘贴时要使面砖与底层粘贴密实，可以用木锤轻轻敲击。产生空鼓时，应取下墙面砖，铲去原来的黏结砂浆，可在水泥砂浆中加 3% 的 108 胶进行修补。

（2）变色。变色的主要原因除瓷砖质量差、釉面过薄外，操作方法不当也是重要因素；施工中应严格选好材料，浸泡釉面砖应使用清洁干净的水；粘贴的水泥砂浆应使用纯净的砂子和水泥；操作时，要随时清理砖面上残留的砂浆；如色变较大的墙砖应予更新。

（3）接缝不平直。接缝不平直的主要原因是砖的规格有差异或施工不当；施工时应认真选砖，将同一类尺寸的归在一起，用于一面墙上；必须贴标准点，标准点要以靠尺能靠上为准，每粘贴一行后应及时用靠尺横、竖靠直检查，及时校正，如接缝超过允许误差，应及时取下墙面瓷砖进行返工。

9. 地面石材、瓷质砖的验收

地面石材、瓷质砖在铺装前，必须进行选材，同一区域内的颜色与尺寸要一致。验收时要注意，地面石材、瓷质砖铺装要牢固，无歪斜、碰瓷、缺棱、掉角和裂缝等缺陷；表面要平整、洁净，色泽协调，图案安排要合理，无变色、泛碱、污痕和显著光泽受损处。板块接缝填嵌密实、顺直、宽窄均匀、颜色要一致，缝隙宽度小于 1mm，阴阳角处搭接方向正确。非整砖使用部位适当，非标准规格板材铺装部位正确，排列平直。预留孔洞尺寸正确、边缘整齐；检查平整度误差小于 2mm，立面垂直误差小于 1mm，接缝高低偏差小于 0.5mm，平直度小于 2mm，四角平整度误差小于 1mm，阳角采用 45° 裁口拼接；厨房、卫生间地砖顺水坡度不得小于 5° ，泄水流畅，无积水；敲击板块表面不得有空洞感，空鼓率小于 5%。

地面石材、瓷质砖铺装常见的质量缺陷是空鼓和平整度偏差大。地面石材、瓷质砖铺装常见质量问题及处理方法：

（1）空鼓。空鼓的主要原因有黏结层砂浆稀、铺装时水泥素浆已干、板材背面污染物未除净、养护期过早上人行走或重压；在施工中，黏结层砂浆要干，以手攥成团、落地散开为检验标准。铺粘时水泥素浆的水灰比为 1∶2(体积比)，严禁用水泥干粉铺贴。养护期内应架板，禁止在面上行走。如发生空鼓，应返工重铺，方法是取出空鼓板材，可用吸盘吸住平直吊出，然后按规范要求铺装。

（2）平整度偏差大。除施工操作不当、板面没有装平外，平整度偏差大的主要原因是板材翘曲；在施工中应严格选材，剔除翘曲严重的不合格品，厚薄不匀的，可在板背抹砂浆调整找平，对局部偏差较大的，可以用云石机打磨平整，再进行抛光处理；没有装平的板块应取下重装。

10. 裱糊壁纸或壁布的验收

裱糊壁纸或壁布在验收时要注意，使用的壁纸或壁布和胶粘剂等辅助材料的品种、质量等级、颜色、花纹、规格应符合设计要求。基层表面处理应达到标准，裱糊表面色泽要一致，无斑污、无胶痕；各幅拼接时，横平竖直，图案端正，拼缝处图案、花纹吻合；距墙 1.5 米处目测，不显接缝；阳角处无接缝，阴角处搭接顺光；壁纸或壁布裱糊与挂镜线、门窗框贴脸、踢脚板、电气、电话槽盆交接紧密，无缝隙，无漏贴，无补贴；壁纸或壁布裱糊牢固、无空鼓、翘边、裙皱等质量缺陷，表面平整、洁净。

壁纸或壁布裱糊常见的质量问题可分为两大类，一类是基层处理不当，另一类是裱糊施工中的失误。基层处理不当时出现的质量问题有腻子翻皮、裂纹、有疙瘩、透底、咬色等。施工中，应注意腻子的黏度，可以加适量的胶液；对孔洞、凹凸不平和易积灰尘等不易清理处，可先上一层胶液，对裸露铁件应刷防锈漆后用白漆覆盖；基层出现质量问题，应进行返工，按标准要求重新施工。裱糊施工中常见的质量问题有死裙、翘边、脱落、气泡、离缝或亏纸、表面不干净等。死裙是最影响裱糊效果的缺陷，其原因除壁纸或壁布质量不好外，主要是由于出现裙皱时，没有顺平就赶压刮平所致。施工中要用手将壁纸或壁布舒展平整后才可赶压，出现裙皱时，必须将壁纸或壁布轻轻揭起，再慢慢推平，待裙皱消失后再赶压平整。如出现死裙，壁纸或壁布未干时可揭起重粘，如已干则撕下壁纸或壁布，基层处理合格后重新裱糊；翘边是影响裱糊效果的重要缺陷，主要原因有基层处理不干净、选择胶粘剂黏度差、在阳角处甩缝等。在施工中应在基层处理检验合格后再开始裱糊，不同材质的壁纸或壁布应选用与之配套的专用胶粘剂，壁纸或壁布应裹过阳角 20mm 以上；如翘边翻起，可根据产生原因进行返工；局部基层处理不当的，重新清理基层，补刷胶粘剂粘牢；如胶液黏性小，可更换黏性强的胶粘剂；发生较大范围的翘边，应撕掉重新裱糊。气泡的主要原因是胶液涂刷不均匀、裱糊时未赶出气泡所致。施工中为防止有漏刷胶液的部位，可在刷胶后用刮板刮一遍，以保证刷胶均匀。被贴后，用刮板由里向外刮抹，将气泡和多余胶液赶出。如在使用中发现气泡，可用小刀割开壁纸或壁布，放出空气后，再涂刷胶液刮平，也可用注射器抽出空气，注入胶液后压平。壁纸或壁布离缝或亏纸的主要原因，是裁纸尺寸测量不准、被贴不垂直。在施工中应反复核实墙面实际尺寸，裁割时要留 10 ~ 30mm 余量。赶压胶液时，必须由拼缝处横向向外赶压，不得斜向或由两侧向中间赶压，每贴 2 ~ 3 张后，就应用吊锤在接缝处检查垂直度，及时纠偏；发生轻微离缝或亏纸，可用同色乳胶漆描补或用相同的材料搭茬粘补，如离缝或亏纸较严重，则应撕掉重裱；表面不干净主要是施工中胶液污染所致。因此，在施工中，操作者应人手一条干净毛巾，随时擦去多余胶液，手和工具都应保持清洁，如发生胶液污染，应用清洁剂及时擦净。

11. 厨房设备的验收

厨房设备验收时应注意，厨房设备安装同基层的连接必须符合国家有关标准要求。厨具与基层墙面连接要牢固，无松动、前倾等明显质量缺陷，整体台面平直度误差应小于 0.5mm。各接水口连接紧密，无漏水、渗水现象，各配套用具（如灶台、抽油烟机、水槽等）尺寸紧密，并加密封胶封闭，用具上无密封胶痕。输气管道连接紧密，无漏气现象。灶台应符合气种，开关要灵活有效，整体厨具安装要紧靠基层墙面，各种管线及检测口预留位置要正确，缝隙应小于 3mm。厨具整体要清洁，无污染，台面、门扇应符合设计要求，配件应齐全并安装牢固。

12. 隔断墙的验收

隔断墙在验收时应注意，隔断墙龙骨安装应牢固，用 2m 直尺检查隔断墙表面平整度误差应小于 2mm，立面垂直度误差应小于 3mm，接缝高低差应小于 0.5mm。

13. 电路改造工程的验收

电路改造工程验收时要注意，电路改造的位置、插座型号、导线直径均应符合设计要求。开关、插座安装要牢固，位置要正确，面板要端正，表面要清洁，应紧贴墙面。用电笔检查照明开关断火线、插座右孔为火线；要求开关要灵活、插座要平顺有效。

14. 水路改造工程的验收

水路改造工程验收时要注意，管线应全程无渗漏、无堵塞；下水横管的坡度要不小于 5°，无积水现象；管道支托架要平正牢固，结构合理，排列整齐，与管路接触严密；防腐涂漆等要均匀完整；用水器安装应牢固。

15. 室内装修工程其他细节的验收

（1）地面和顶面基本平整，无大于 10mm 的凹痕。

（2）内墙面任意 5m 内平整度差小于 10mm，表面光滑，无裂痕。

（3）门窗及窗锁安装牢固，开启灵活，无损伤。

（4）纱窗开关灵活，无漏洞，外观无锈蚀。

（5）玻璃表面光滑，无水波纹、无破损。

（6）门锁开启灵活，锁舌吃进不小于 5mm。

（7）电灯及开关灵敏，通电正常。

（8）电路插座做到左边零线，右边火线，上面地线。

（9）水暖管线无滴、漏现象，外观无锈蚀。

（10）水暖阀门开关灵活，无滴、漏现象。

（11）暖气片安装牢固，没有滴、漏、锈蚀和松动现象。

（12）电闸箱开关灵敏，外观无锈蚀、破损现象。

思考题

（1）平面图与立面图、剖面图有什么对应关系?

（2）详图的种类有哪些?

（3）不同种类的详图需要表现什么样的内容? 请简要作答。

4

第四章
建筑陶瓷产品分类

本章重点：熟悉建筑陶瓷的种类，掌握不同种类建筑陶瓷的特征，了解不同种类建筑陶瓷的应用方法。

本章难点：在不同环境和功能需求中如何依据瓷砖特性选取适用的建筑陶瓷。

建筑陶瓷是家装中最常用的家装材料之一，按照其制作工艺、制作材料等分为多种类型。建筑陶瓷种类按其制作工艺及特色可分为通体砖、釉面砖、抛光砖、微晶石瓷砖、全抛釉瓷砖、马赛克及仿古砖，不同材质种类的瓷砖有着各自的特点，因此在室内设计中都用着最佳使用位置和使用方式。对瓷砖知识有足够的了解，才可以在装饰居室时做到有的放矢，物尽其用。

一、通体砖

通体砖（见图 4-1、图 4-2、图 4-3）是一种不上釉的瓷质砖，表面粗糙，古色古香，极其适合用来营造复古氛围，如追求返璞归真的田园风格和庄严典雅的中式风格等，通体砖天然的粗糙肌理和颗粒感会增强复古风格的年代感，能为室内空间营造出古朴自然的效果。通体砖反面的材质和色泽一致，有很好的防滑性。通体砖是一种耐磨砖，花色较少，虽然现在还有渗花通体砖等品种，但相对来说，其花色比不上釉面砖。

图 4-1　通体砖样式 1

图 4-2　通体砖样式 2

图 4-3 通体砖样式 3

通体砖是经过岩石碎屑经过高压压制而成，吸水率低，表面抛光后坚硬度可与石材相比，其类型上可分为防滑砖和抛光砖两种，市面上的 800mm×800mm 的防滑砖价格为 23~32 元 / 片，抛光砖的价格则为 50~70 元 / 片。

由于目前的室内设计越来越倾向于素色设计，因此通体砖也越来越成为一种时尚，这种瓷砖价格适中，样式古朴，被广泛使用于客厅、过道和室外走道等地面，其坚硬耐磨防滑的特性尤其适合阳台、露台、卫生间（见图 4-4）等区域铺设。

图 4-4 通体砖在卫生间中的装饰效果

通体砖常见规格有 300mm×300mm、400mm×400mm、500mm×500mm、600mm×600mm、800mm×800mm 等。通体砖在铺装中需要注意的是：在铺设中尽量用干铺法，可以有效避免瓷砖在铺装过程中造成的气泡、空鼓等现象的发生。

二、釉面砖

釉面砖是砖的表面经过施釉高温高压烧制处理的瓷砖，这种瓷砖是由土坯和表面的釉面两部分构成的。釉面砖是装修中最常见的建筑瓷砖，釉面的作用主要是增加瓷砖的美观程度和起到良好的防污作用，但因为釉面砖表面是釉料，所以耐磨性不如抛光砖。

釉面砖按原材料的不同分为陶制釉面砖和瓷制釉面砖，市面上常按光泽分亮光釉面砖（见图 4-5）和哑光釉面砖（见图 4-6）。亮光釉面砖表面光滑，反射光感强，纯色亮光釉面砖适合欧式简约风格，简单大方，光明亮堂，能为空间营造出干净整洁的效果；哑光釉面砖表面肌理较为粗糙，有磨砂感，反射光线呈漫反射，光感较弱，所以光污染较小，适合自然清新的地中海风格，能营造出宁静安详的氛围。

图 4-5　亮光釉面砖

图 4-6　哑光釉面砖

釉面砖由陶土或者瓷土烧制而成，其花色多，不吸水不吸污，被广泛应用于室内空间墙面和地面，其中亮光釉面砖可用于厨房墙面（见图 4-7），室内设计师在厨房中通常选用亮光釉面砖而不使用哑光釉面砖，因为油渍易吸附在哑光砖面上，较难清理。

图 4-7　亮光釉面砖在厨房中的装饰效果

哑光釉面砖的光感柔和不刺眼，常用于卫生间（见图 4-8）、阳台（见图 4-9）墙面铺设。

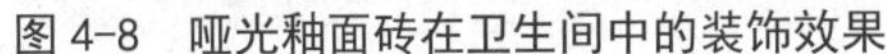

图 4-8　哑光釉面砖在卫生间中的装饰效果

图 4-9　哑光釉面砖在阳台中的装饰效果

目前市面上的 800mm × 800mm 尺寸的釉面砖价格为 50~130 元 / 片，正方形釉面砖规格有 152mm × 152mm、200mm × 200mm，长方形釉面砖规格有 152mm × 200mm、200mm × 300mm 等，常用的釉面砖厚度为 5mm 或 6mm。

要注意的是，釉面砖遇到热胀冷缩容易产生龟裂，坯体密度过于疏松时，水泥的污水会渗透到表面。因此，釉面砖在铺设时要注意墙砖应从下向上铺贴，地面要打平，并注意防水层的处理，砖面要镶平，角度要准确。

三、抛光砖

抛光砖（见图 4-10）就是通体砖坯体的表面经过打磨而成的一种光亮砖，属于通体砖的一种。抛光砖表面光洁，反射光感强，浅色的抛光砖通常用于现代简约风格的家装，可以给室内空间营造出整洁明亮的效果。

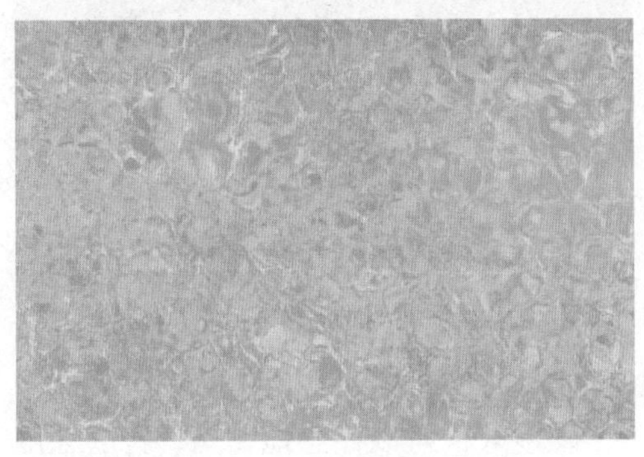

图 4-10　渗花型抛光砖

抛光砖坚硬耐磨，在运用渗花技术的基础上，抛光砖可以做出各种仿石效果（见图 4-11）、仿木效果（见图 4-12），这两种效果的抛光砖都可用于搭配现代欧式风格的家装，烘托出欧式古典的韵味和现代的时尚感。

图 4-11 仿石抛光砖

图 4-12 仿木抛光砖

抛光砖强度高，砖体薄、重量轻，普通 800mm × 800mm 渗花抛光砖的价格为 30~50 元 / 片。抛光砖在制作时会留下藏污纳垢的凹凸气孔，又因其防滑性能不佳，所以一般不用于卫生间、阳台和厨房，而通常用于客厅（见图 4-13）、卧室（见图 4-14）等室内空间。

图 4-13 抛光砖在客厅中的装饰效果

图 4-14 抛光砖在卧室中的装饰效果

四、微晶石瓷砖

微晶石瓷砖（见图 4-15、图 4-16、图 4-17）是建筑陶瓷领域中的高新技术产品，它采用特种专用熔块同基料混合后压制，不受污染，易于清洗。

微晶石瓷砖吸水率低，不变形，不变色，硬度大，可以任意地切割、打磨、倒角等，但硬度低于抛光砖且耐磨性较差，容易刮花，有划痕会很明显，需要小心保

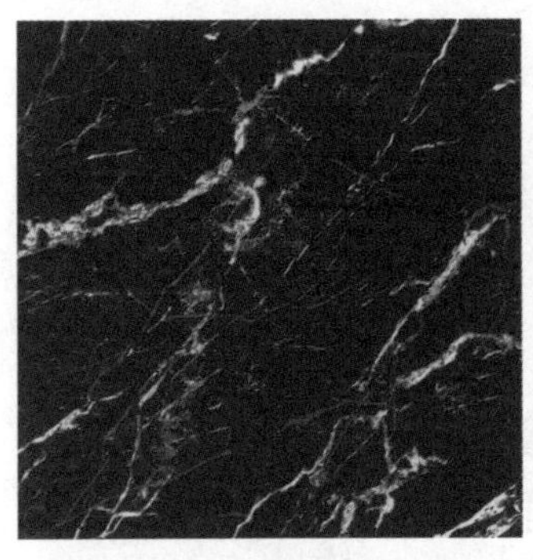
图 4-15　微晶石瓷砖样式 1

图 4-16　微晶石瓷砖样式 2

图 4-17　微晶石瓷砖样式 3

养，因此不建议大面积用于地面。微晶石瓷砖表面光泽度高，反射光感极强，浅色微晶石瓷砖可用于现代欧式的家装风格中；深色微晶石瓷砖和微晶石彩砖适宜用在大气豪华的古典欧式风格，可以衬托出古典欧式风格雍容华贵、富丽堂皇的装修效果；但微晶石瓷砖因其耀眼的特性不适宜在地中海风格、田园风格的家装中出现。微晶石瓷砖作为一种高档瓷砖，在市面上 800mm × 800mm 的价格通常为 150~300 元/片，微晶石瓷砖常见的尺寸规格有 400mm × 400mm、500mm × 500mm、600mm × 600mm、800mm × 800mm、

图 4-18　微晶石地砖在客厅中的装饰效果 1

图 4-19　微晶石地砖在客厅中的装饰效果 2

900mm×900mm、1000mm×1000mm。

微晶石瓷砖因其晶莹剔透的外观、色彩鲜明的层次广受消费者喜爱，在室内空间中多用于客厅地面（见图 4-18、图 4-19）、别墅墙面、电视背景墙等。

五、全抛釉瓷砖

全抛釉瓷砖（见图 4-20、图 4-21、图 4-22）不同于普通抛光砖，其表面的釉料为专用水晶耐磨釉，高温烧结后分子完全密闭，几乎没有间隙。

图 4-20　全抛釉瓷砖样式 1

图 4-21　全抛釉瓷砖样式 2

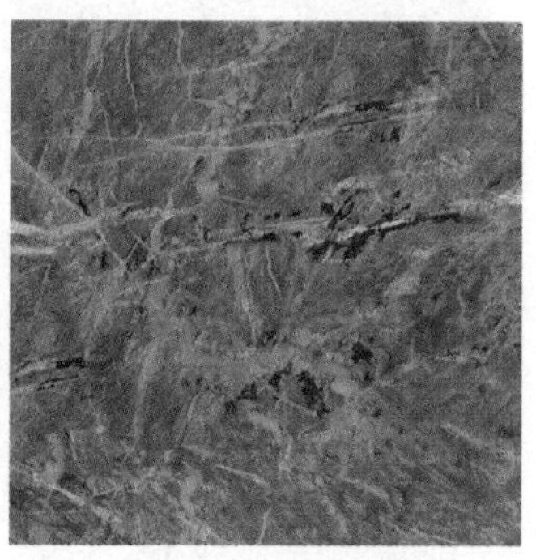

图 4-22　全抛釉瓷砖样式 3

全抛釉表面光滑明亮、色泽匀称，图案丰富并且釉面较厚、耐磨，使用寿命较长，适用的装修风格也十分广泛，如现代欧式风格、美式简约风格、新中式风格等，既可以营造出光洁亮丽、简洁干练的装饰效果，也可以衬托出低调奢华，沉稳典雅的气质。

图 4-23　全抛釉地砖在客厅中的装饰效果

目前 800mm×800mm 的全抛釉瓷砖在市场上的价位一般为 80~120 元 / 片，常见的规格尺寸有 250mm×300mm、300mm×300mm、

300mm × 400mm、300mm × 450mm、300mm × 500mm、300mm × 600mm、400mm × 400mm、500mm × 500mm、600mm × 600mm、600mm × 900mm、1000mm × 1000mm 等，其砖体厚度约为 10mm。

图 4-24 全抛釉墙砖在卫生间中的装饰效果

全抛釉瓷砖因其光滑耐磨的特性，通常用于客厅（见图 4-23）与餐厅，可用于卫生间墙面（见图 4-24），但因其抗滑性不佳，因此不用于卫生间、阳台地面。

六、马赛克（锦砖）

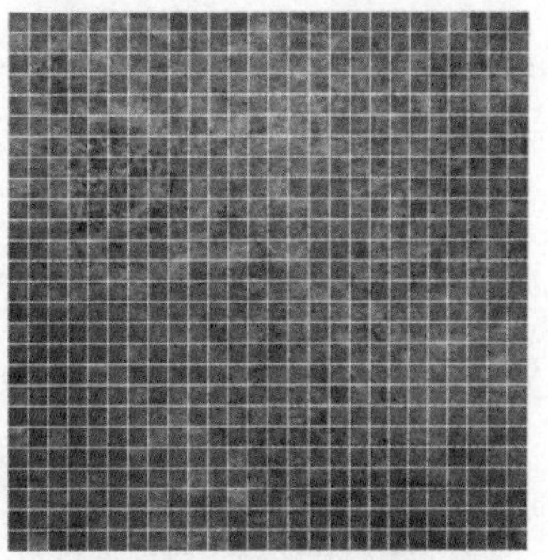

图 4-25 马赛克样式 1

马赛克（见图 4-25、图 4-26）又称锦砖，发源于古希腊。传统工艺中将陶瓷作为制作马赛克的原料所以马赛克也称陶瓷锦砖。

马赛克一般由数十块小块的砖组成一个相对的大砖，它耐酸、耐碱、耐磨、不渗水，抗压力强，不易破碎，外观色调柔和、朴实、典雅、美观大方，并且化学稳定性、冷热稳定性好，不变色、不积尘、容重轻、黏结牢，因此地中海风格的家装中，常用马赛克小面积拼花，拥有极强的装饰效果，使地中海风格的冷色调变得温馨宜人，也经常用于装饰现代欧式风格的地台、餐桌和餐边柜。

图 4-26 马赛克样式 2

马赛克主要分为陶瓷马赛克（见图 4-27）、大理石马赛克（见图 4-28）、玻璃马赛克（见图 4-29），依材质不同，价格为 6~33 元 / 联，马赛克常见规格有 20mm×20mm、25mm×25mm、30mm×30mm，其砖体厚度为 4 ~ 4.3mm。

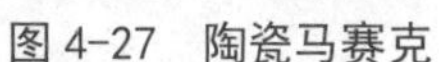

图 4-27　陶瓷马赛克

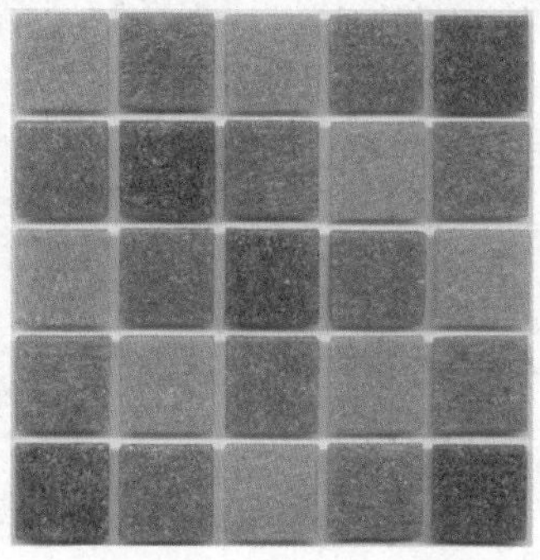

图 4-28　大理石马赛克

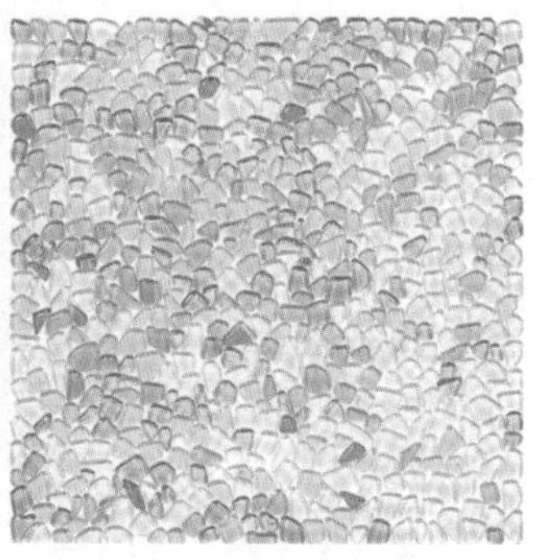

图 4-29　玻璃马赛克

马赛克在铺装时的铺贴面必须要结实并且无污渍。需要注意的是，如果在铺装中想要避免对马赛克的刮伤，最好使用瓷砖粘胶粉或大理石粘胶粉作为铺贴材料。

由于马赛克缝隙多，易脏又难清洗，因此通常不在厨房中使用，因为体积较小，所以马赛克不能大面积用于客厅、卧室地面与墙面。马赛克以其小巧玲珑的体型、色彩斑斓的外观被广泛使用于卫生间的地面墙面（见图 4-30）、电视背景墙（见图 4-31）和室外墙面和地面、走廊尽头地面铺装等。

图 4-30　马赛克在卫生间墙面上的装饰效果

图 4-31　马赛克在电视背景墙上的装饰效果

七、仿古砖

图 4-32　仿古砖样式 1

图 4-33　仿古砖样式 2

仿古砖（见图 4-32、图 4-33）是从彩釉砖演化而来，实质上是上釉的瓷质砖，其坯体的发展趋势以瓷质为主，也有炻瓷制成的、细炻制成的砖。

仿古砖兼具了防水、防滑、耐腐蚀的特性，其烧成后图案可以柔抛，也可以半抛和全抛。仿古地砖品种、花色较多，按图案可分仿木、仿石材、仿皮革、仿植物花草、仿几何图案、仿纺织物、仿墙纸、仿金属等，适用于田园风格、地中海风格、现代欧式风格、古典欧式风格以及新中式风格等，既可以搭配出充满活力的时尚感，也可以营造出素雅的古朴感。

仿古地砖可用于室内多种风格地面与墙面铺装，在露台庭院等室外区域空间也可以使用，通常用于室内墙面（见图 4-34）、浴室和厨房地面（见图 4-35），室外道路地面等。

仿古砖尺寸较大，光泽度高，表面硬度高达 7

级，装饰效果极佳，可任意加工成各种配件。市面上800mm×800mm的仿古地砖价格为50~70元/片，常见的仿古砖尺寸有300mm×300mm、400mm×400mm、500mm×500mm、600mm×600mm、300mm×600mm、800mm×800mm等。需要注意的是，仿古地砖在铺贴时要根据实际使用的情况，预留3～5mm的灰缝，以防出现脱离现象，验收的时候可以用木槌敲击砖面，检查地砖是否出现空鼓现象。

图4-34　仿古墙砖在室内墙面上的装饰效果

图4-35　仿古地砖在厨房地面上的装饰效果

思考题

（1）建筑陶瓷制品的主要类别及各自的特点是什么？

（2）瓷砖施釉的主要目的是什么？请举例说明。

（3）釉面内墙砖为什么不能用于室外？

（4）开放式厨房墙面应采用哪种建筑陶瓷？

第五章
建筑陶瓷铺贴方法

本章重点：阴阳角的瓷砖处理、干挂法中的从分格放线到连接固定件、干挂法中的瓷砖外型的调试。

本章难点：瓷砖预排、瓷砖切割、瓷砖找平、干挂法中的安装骨架。

在建筑室内装饰中，陶瓷的铺贴部位有两种：一种是地面铺装，另一种是墙面铺装。不论是抛光砖、全抛釉砖还是微晶石瓷砖，它们的铺贴方法基本一致，所用的材料和工具基本相同。铺装顺序大同小异，清理基层是施工时必须经历的第一道工序，其他工序按照不同地区、不同标准会略有区别。

第一节　施工前材料与工具准备及要求

在瓷砖铺装中常用的材料和工具有很多，材料有水泥、水、砂、瓷砖等，工具有水平尺、橡皮锤、水桶等。但是，在施工中它们的使用方法、使用顺序和工艺是比较复杂的，需要先了解材料的特性和注意事项，工具的使用方法和使用范围，有了这些准备与要求，才能进行施工。

一、水泥

水泥是室内装修必需的材料，在民用建筑工程中，一般用得比较多的是普通硅酸盐水泥（见图 5-1）和矿渣硅酸盐水泥。而在建筑室内装饰中，一般使用普通硅酸盐水泥即国外统称的波特兰水泥。

图 5-1　32.5 标号普通硅酸盐水泥

在水泥标号中也有要求，水泥标号一般分为 32.5、32.5R、42.5、42.5R、52.5、

52.5R、62.5、62.5R 八种强度等级（在原水泥强度标准中，标号 32.5 的水泥被标为 325 号水泥,其强度完全一致)。在建筑室内装修中,水泥标号的选择不宜小于 32.5 号，不宜大于 42.5 号。过低标号的水泥有强度不够、凝结速度慢等特性，容易造成脱落、老化现象。过高标号的水泥则有凝结速度快、收缩率大等特性，其产生的应力容易把砖拉出裂纹，出现翘边、翘角等现象。这种现象的出现，尤其体现在砖体强度不是很高的时候，铺贴好的瓷砖在水泥干透时，一般在几天到几个月的时间里，瓷砖会发现有细密的裂纹。此外，一般情况下强度等级 32.5 的水泥价格为 250 ~ 300 元 / 吨，42.5 的水泥价格为 360 ~ 450 元 / 吨。水泥价格随着品牌、地区、时间的变化，也在不停地变化。

在水泥品牌的选择中（以广西为例)，一般有以下几个品牌的水泥厂：

1. 海螺品牌

（1）广西玉林市的兴业海螺水泥有限公司。

（2）广西崇左市的扶绥新宁海螺水泥有限责任公司。

（3）广西百色市的广西凌云通鸿水泥有限公司。

（4）广西玉林市的北流海螺水泥有限责任公司。

（5）广西桂林市的兴安海螺水泥有限责任公司。

2. 华润品牌

（1）广西南宁市的华润水泥（南宁）有限公司。

（2）广西防城港市的华润水泥（上思）有限公司。

（3）广西玉林市的华润水泥（陆川）有限公司。

（4）广西贵港市的华润水泥（贵港）有限公司。

3. 鱼峰

（1）广西柳州市的广西鱼峰水泥股份有限公司。

（2）广西河池市的河池都安鱼峰水泥有限公司。

4. 南方

广西桂林市的桂林南方水泥有限公司。

5. 红狮

广西南宁市的武鸣锦龙红狮水泥有限公司。

6. 台泥

广西贵港市的台泥（贵港）水泥有限公司。

7. 正菱

广西柳州市的柳州正菱鹿寨水泥有限公司。

此外，还有天荣、通宝、红水河、华宏、尖鹰、金鲤、右江等品牌（水泥品牌排列顺序与品牌大小、影响力、产量、价格、质量等无关）。此外还要注意，出厂一个月的水泥质量是有保障的，超过三个月就不宜使用了；不同品种、标号的水泥不能混用。

二、砂

砂子在建筑室内装饰中属于非常重要的辅材，合格的砂子是拌和水泥砂浆必不可少的材料。一般情况下，砂子的品种应选择河砂，而山砂、湖砂、海砂在市面上也有市场，但在建筑工程中几乎不用，尤其是山砂应尽量避免使用。

砂子的分类标准和选砂规范：

1. 品种

砂按产源地分为：①河砂，有颗粒均匀、色泽统一且光洁、质地坚硬、杂质少等特性，是最适合建筑装修的一类砂子，在建筑室内装饰中一般使用河砂。②湖砂，与河砂类似,但其有含泥量大、杂质多等特性。③海砂,其颗粒均匀、色泽统一且光洁，但含盐量高，贝壳等杂质多。④山砂，与河砂相比，其轮廓粗糙，与水泥附着效果好，但级配不均匀，含有较多的粉末，且成分复杂，不推荐使用。

2. 规格

砂子按细度模数 (M x) 分为粗、中、细和特细四种规格，其细度模数分别为：①粗（3.7~3.1mm）；②中（3.0~2.3mm）；③细（2.2~1.6mm）；④特细（1.5~0.7mm）。砂子按其技术要求分为优等品、一等品与合格品。

3. 质量和技术要求

砂子的质量和技术要求需从颗粒级配、泥（石粉）含量、泥块含量、细度模数、坚固性、轻物质含量、碱集料反应 [是指混凝土集料中某些活性矿物（活性氧化硅、活性氧化铝等）与混凝土微孔中的碱溶液产生化学反应，其反应生成物体积增大，从而导致混凝土结构发生破坏] 和亚甲蓝值（用于判定细集料中粒径小于 0.075mm 的颗粒含量主要是泥土还是与被加工母岩化学成分相同的石粉的指标）这八种指标上进行审核。

4. 选砂要求

在施工前，一般在市面上购买回来的砂子都要用筛子筛选过后方可使用，一般选用的筛子孔径小于 5mm，为了确保所使用的砂子不含体积过大的沙砾和杂物。一般情况下，建筑室内装饰使用较多的是中砂，中砂的颗粒粗细程度十分适宜在水泥砂浆中使用。但是不同大小的砂子有不同的使用范围，粗砂调配出的水泥砂浆强度高，一般适用在地砖的铺设上；中砂调配出的水泥砂浆强度适中、吸附能力大、摩擦系数高，因此其适用的范围较广，一般适用在粉墙、砌墙和封槽上；细砂的适用范围一般在铺贴墙砖上，其颗粒小，调配出的水泥砂浆比较紧实、致密、强度适中，不易形成空鼓、开裂现象。

当然，在砂子选择不当的情况下，可能会出现各种严重后果：

（1）选用了海砂。海砂虽然颗粒均匀、色泽统一且光洁，但盐分高，杂质成分多，会腐蚀墙体和地面预埋的电路、水管路线等；尤其是金属镀管的腐蚀更为严重，所以海砂对工程质量造成很大的影响，在建筑装饰中严禁使用。

（2）选用了不适当的砂子。如果粗砂用在墙砖上，其调配的水泥砂浆强度过高，产生的应力过大，会导致墙砖出现开裂现象；如果细砂用在地砖上，其调配的水泥强度较低，对于地砖所起到的负重强度来说显然不够，产生的后果是基层空鼓、地砖粘贴不牢、地砖承重能力下降开裂。

（3）选用了极细的砂子。在建筑室内装饰中，一般使用粗砂、中砂、细砂，基本上不会使用过细的砂和过粗的砂。当然，过粗的砂一般在筛选时就被筛掉了，但极细的砂子会被留下。所以，极细的砂子在被使用时，其所调配出来的水泥砂浆强度过低；用在地砖铺设、墙砖铺设都会造成严重的后果。

三、瓷砖

瓷砖是建筑室内装饰中最主要的材料。瓷砖有防水、使用寿命长、防腐性能强、环保、易打理、易保养等特点，而且符合现代人紧张的生活节奏。为了最大程度地发挥其特点，需要在选择瓷砖（包括品牌、品种、规格、质量色差等）、铺贴方法、铺贴标准、铺贴质量等方面符合施工和设计要求。在购买墙砖、地砖时，宁可多买几片，不要少买，因为有可能在墙砖、地砖不够的情况下，再去购买时会出现色差等问题。在铺贴地砖时，如果选用大理石瓷砖，特别是浅色的大理石瓷砖时，石材背面要做防水处理，因为天然大理石还是会渗水的。渗水之后的大理石瓷砖会出现色差，影响美观。

此外，在瓷砖铺贴时要注意：

（1）阳角处要用电动切割机割 45° 角，阴角要有一定的遮挡关系。

（2）地砖要向地漏处倾斜，否则容易积水。

（3）墙砖碰到管道口要采用套割的形式（用电钻开孔器或切割机），可以保持整砖效果。

（4）地面大理石应采用干铺的方法。

（5）地砖在选择时要挑选耐脏、防滑、规整的，不要只看重其美观。

（6）墙砖在与地面连接处应铺贴踢脚线，起到美化装饰效果和保护的作用。

四、瓷砖收口条和直角保护边

瓷砖收口条与直角保护边一样，都是在瓷砖铺贴完成后的一种保护材料。瓷砖收口条有金属收口（见图 5-2）和仿大理石收口（见图 5-3）等不同材质，也可以根据个人喜好，选择不同颜色、不同图案纹理的收口条。直角保护边（见图 5-4）可用于地板收边、窗台包边、楼梯踏步包边等。这种工艺一般不用，只有在装修效果不理想或者个人爱好的情况下才使用。

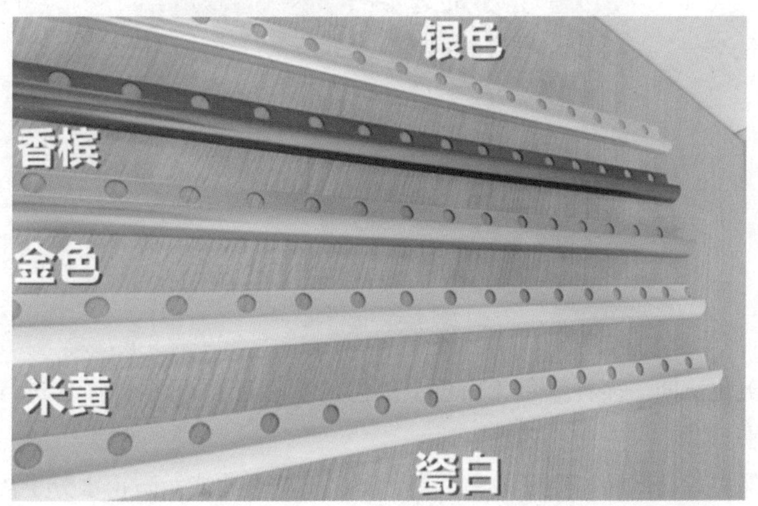

图 5-2　金属收口条

图 5-3　仿大理石收口条

图 5-4　直角保护边条

五、勾缝剂

勾缝剂是一种粘接材料，用于填补瓷砖与瓷砖之间的空隙，主要有两种：一种是粉末状勾缝剂（见图 5-5），另一种是打胶的美缝剂（见图 5-6）。主要作用有：

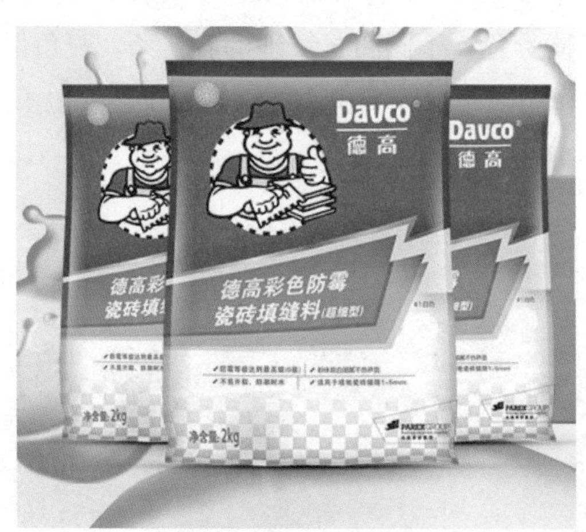

图 5-5　填缝料

（1）美化空间。多种颜色（白色、灰色、黑色等），可根据需求进行选择，增强装饰效果。

（2）保护建材产品。良好的黏结力、防渗、抗裂功能，防止水分子渗入瓷砖或石材背面，影响建材产品的使用寿命。具有一定柔韧性，可以抵御轻微的瓷砖移位而变形、脱落、延长饰面寿命。

（3）防止发霉。防止水分子渗入砖缝中，避免砖缝发霉、长细菌。

在施工时，填缝料与水的配比为1:0.3 ~ 0.35，而美缝剂配合上液压胶枪即可使用。完成填缝之后，要确保在24小时内勾缝剂不被其他液体淋湿。在清理多余的勾缝剂和瓷砖表面时，不能使用强酸性的清洁剂清洗。由于两种勾缝剂价格不一样，美缝剂略贵，粉末状勾缝剂稍微便宜；美缝剂的牢固性好，便宜的施工快速，工艺施工比较复杂，所以人工费较高。

图5-6　美缝剂

六、基本工具

施工工具在建筑工程中用途广泛、种类繁多，且随着时间的推移工具本身也在不断地推陈出新。因此，在建筑室内装饰中，将根据施工要求以及施工流程一般所涉及的基本工具进行简单归纳。

1. 测量工具

（1）水平尺。一种长距水平尺（见图5-7），可用于检验、测量、调试。水平尺既能用于短距离测量，又能用于远距离测量，解决了现有水平仪只能在开阔地测量、狭窄地测量难的缺点。使用方法：将水平尺放在水平面上，看水平尺中间的气泡，如果气泡在中间，那么表示该平面水平。如果气泡偏向左边，表示该平面的右边低。如果气泡偏向右边，表示该平面的左边低。

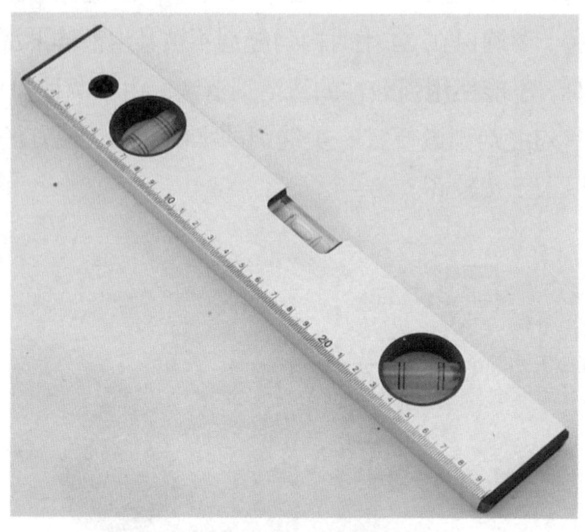

图 5-7　水平尺

（2）红外线水平仪。一种新型的水平测绘仪，可用于标水平线，标水平点，贴墙砖、地砖、台板安装等。其具有自动安平，超范围激光闪烁提示，连续激光和脉冲激光之间可自由切换，360° 自由旋转，角度可微调等功能；还可以通过 5/8" 螺纹配件与三脚架链接，在室内、室外均可使用。在室内使用时，其输出四条垂直线：一条水平线与一条下铅垂点形成的正面十字线，一条在天花板上十字交叉所形成的交叉线，还有左右两侧分别与背面所形成的两条垂直线。此外，在这些垂直线中，下铅垂点与天花板上交叉线的交叉点相连，形成垂铅线（见图 5-8）。

图 5-8　红外线测量仪

（3）卷尺。卷尺是日常生活中常用的工具，卷尺种类很多，一般有钢卷尺（见图 5-9）、纤维卷尺、皮尺、腰围尺等，在建筑室内装饰中卷尺也是常用工具之一，一般使用的是钢卷尺。钢卷尺的使用方法很简单，一般有两种方法：一种是将卷尺前端的铁片挂在物体上，另一种则是将卷尺前端的铁片顶到物体上。由于两种测量方法不一样，所以还是存在一些误差，其误差就是卷尺前端铁片的厚度。但在设计时考虑到了这一点，所以卷尺头部松动的目的就是当顶在物体上测量时，能将卷尺前端铁片的厚度补偿回来。

图 5-9　钢卷尺

（4）靠尺。一种垂直度检测、水平度检测、平整度检测，在家装监理中使用频率最高的检测工具。在建筑室内装饰中其用途是检测墙砖是否平整、垂直，地砖是否水平、平整（见图 5-10）。

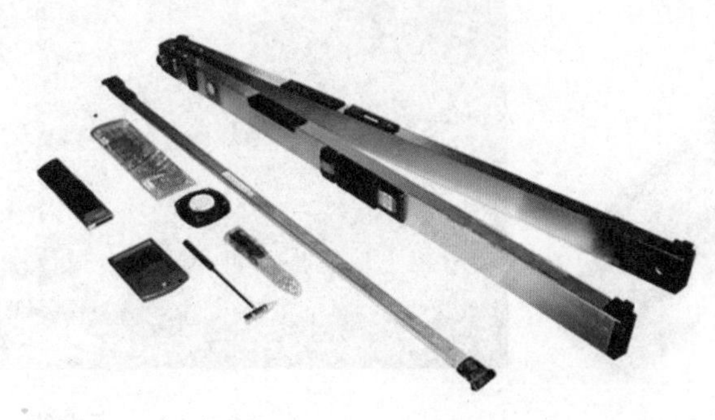

图 5-10　靠尺

在垂直度的检测中，靠尺为可展开式结构，合拢时长 1m，展开时长 2m。用于

1m 检测时，推下仪表盖，活动销推键向上推，将靠尺左侧面靠紧被测面 (注意：握尺要垂直，观察红色活动销外露 3~5mm，摆动灵活即可)，待指针自行摆动停止时，只读指针所指刻度下行刻度数值，此数值即被测面 1m 垂直度偏差，每格为 1mm。2m 检测时，将检测尺展开后锁紧连接扣，检测方法同上，直读指针所指上行刻度数值，此数值即被测面 2m 垂直度偏差，每格为 1mm。如被测面不平整，可用右侧上下靠脚 (中间靠脚为 1m 检测时使用的，所以当靠脚旋出时不能使用) 检测。

在平整度检测中，检测尺侧面靠紧被测面，其缝隙大小用契形塞尺检测，其数值即平整度偏差。在水平度检测中，检测尺侧面装有水准管，可检测水平度，用法同普通水平仪。

校正方法：垂直检测时，如发现仪表指针数值有偏差，应将检测尺放在标准器上进行校对调正，标准器可自制，将一根长约 2.1m 水平直方木或铝型材，竖直安装在墙面上，由线坠调正垂直，将检测尺放在标准水平物体上，用十字螺丝刀调节水准管“S”螺丝，使气泡居中。

（5）墨斗。墨斗由墨仓、线轮、墨线 (包括线锥) 和墨签四部分构成，是中国传统木工行业中极为常见的工具。其用途有三个方面 : ①做长直线 (在泥、石、瓦等行业中也是不可缺少的)。方法是将濡墨后的墨线一端固定，拉出墨线牵直拉紧在需要的位置，再提起中段弹下即可。②墨仓蓄墨，配合墨签和拐尺用以画短直线或者做记号。③画竖直线 (当铅锤使用)（见图 5-11）。

图 5-11　墨斗

图 5-12　尼龙线

（6）尼龙线。尼龙线具有拉力强、有光泽、耐高温和柔软等特性，在建筑室内装饰中是一种排砖、标记的辅助工具。其使用对象和方法为：在地面排砖时用作基准线，分别拉出两条水平垂直交叉线，这样铺贴的地砖才会规整、美观（见图 5-12）。

2. 钻孔、凿切工具

（1）合金钢钻头。合金钻头一般是指硬质合金钻头，分整体式、焊接式、可转位刀片式和可换头式。在建筑室内装饰中主要用于钻孔，固定支架。其使用方法简单，一般情况下容易上手（见图 5-13）。

图 5-13　合金钢钻头

（2）瓷砖切割机。切割机用于切割阳角、踢脚线、门窗等部位的非整瓷砖，市面上的瓷砖切割机有手动型的和电动型的。手动型的直接裁切瓷砖用，瓷砖不易损坏、不易崩口，多用于裁切直线，使用效率高（见图 5-14）。电动型的可以安装锯片或磨片（见图 5-15），锯片可以直接切割瓷砖，磨片可以做瓷砖倒角（如做墙面阳角的时候做 45° 切割）。使用方法参看切割机使用说明书。切割瓷砖时，应从釉面切割，确保切割质量。瓷砖磨边时，可选择倒角导板配合电动瓷砖切割机使用（见图 5-16）。

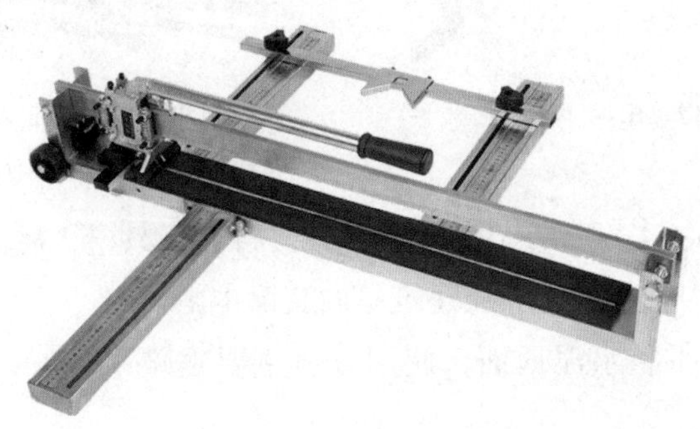

图 5-14　手动瓷砖切割机

图 5-15 电动瓷砖切割机

图 5-16 倒角导板

（3）电钻和开孔器。电钻配合钻头是一种用于开孔、开槽的工具，包括固定件钻孔、地面瓷砖的水管开孔、墙面电路和管道的开槽等。在开孔和开槽时，应选用相应尺寸规格的开孔器（见图 5-17、图 5-18）。

图 5-17 电钻

图 5-18 不同规格的开孔器

（4）钢錾子。通过凿、刻、旋、削加工材料的工具，具有短金属杆，在一端有锐刃。在建筑室内装饰中主要用于处理基层上的不平整水泥地面，使用方法主要是敲凿（见图 5-19）。

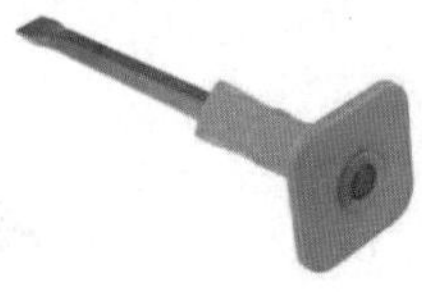

图 5-19 钢錾子

3. 抹平、清洁工具

（1）铁抹子。其用途广泛，在建筑室内装饰中用于抹平水泥面，其抹平的效果比较细腻，一般用于抹面。（见图 5-20）。

（2）木抹子。与铁抹子一样，也是一种使用频繁的抹平工具，其特点是抹平比较粗糙，表面机理明显，一般用于基层抹平（见图 5-21）。

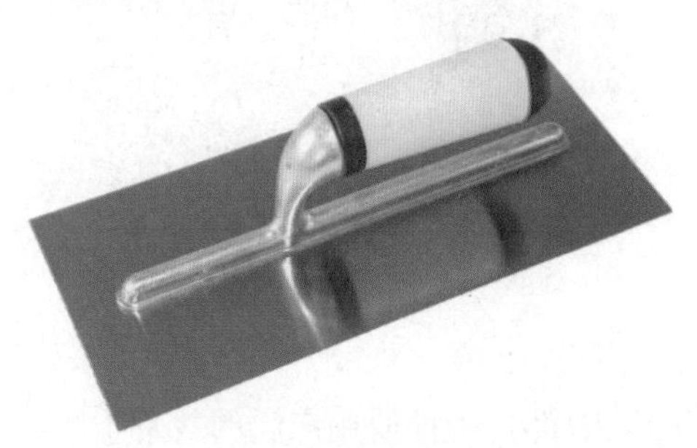

图 5-20　铁抹子

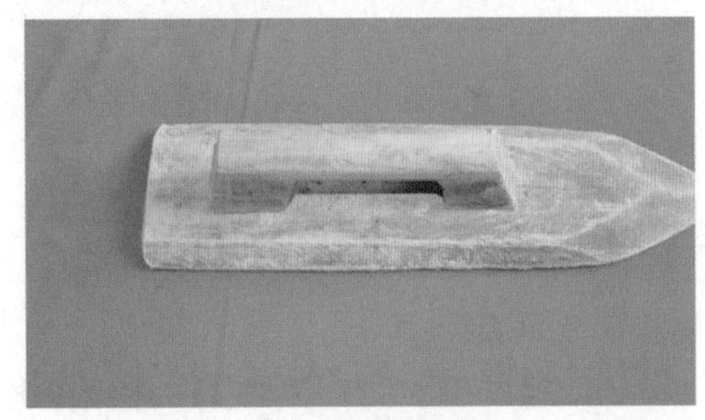

图 5-21　木抹子

（3）扫帚。扫帚是我们日常生活中常用的工具。在建筑室内装饰中，主要用于基层处理时清理灰尘、杂物等垃圾，在施工后期也是如此（见图 5-22）。

（4）钢丝刷。钢丝刷也是一种清洁工具，主要用在基层处理，清洁墙面、地面的石灰粉、石灰浆（见图 5-23）。

图 5-22　扫帚

图 5-23　钢丝刷

4. 盛装、浸泡工具

（1）水桶。主要用于浸泡瓷砖，宜选择大号、方形（见图 5-24）。

（2）水泥桶。用于盛装搅拌好的水泥，方便铺贴地砖、墙砖时使用（见图 5-25）。

图 5-24　水桶

图 5-25　水泥桶

5. 找平工具

（1）橡皮锤和木锤。橡皮锤和木锤在建筑施工中都是一种使用广泛的找平工具，根据个人喜好和瓷砖要求选用。一般使用橡皮锤，其弹性跟韧性以及重量都比较适中（见图 5-26、图 5-27）。

图 5-26　橡皮锤

图 5-27　木锤

（2）铁铲。铁铲主要是用于搅拌水泥，它的使用方法简单，但是为了提高搅拌水泥的质量和效率往往要有规律地来回搅拌（见图 5-28）。

（3）刮刀。用于瓷砖与瓷砖之间的留缝，使用方法是在两块瓷砖之间来回刮擦（见图 5-29）。

图 5-28　铁铲

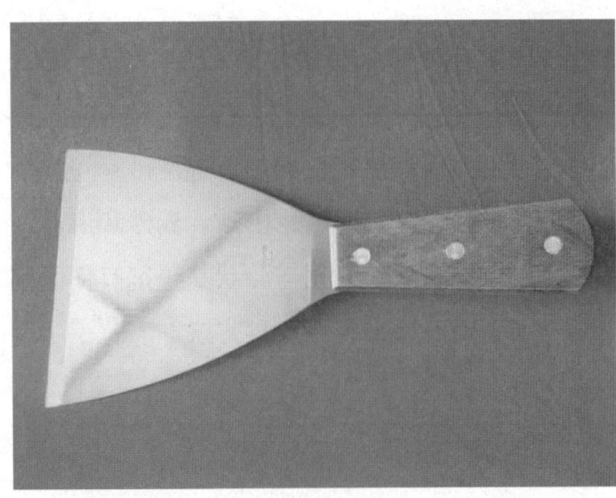

图 5-29　刮刀

（4）十字卡。又称瓷砖定位十字架或塑料十字架，颜色为白色，主要材料为 PE 料，其特性为韧性好、抗拉、耐冲击、耐腐蚀，耐氧化。主要用在调整瓷砖在之间的缝隙大小，保持缝隙均匀一致，使瓷砖贴得规整美观。根据留缝的大小，会有不同的规格（1.5mm、2.0mm、2.5mm、3.0mm、4.0mm、5.0mm、6.0mm、8.0mm 等）。地砖留缝根据不同地砖的种类以及业主的个人爱好、要求来定。一般复古砖留缝较大，为 5 ~ 10mm；其他类型的砖一般为 3 ~ 10mm。其中，无缝砖和大理石砖留缝为 1.5mm，小尺寸瓷砖留缝为 2.5mm 或 3.0mm，中型尺寸瓷砖留缝为 4.0 ~ 6.0mm，大型尺寸瓷砖留缝为 8.0mm（见图 5-30、图 5-31）。

图 5-30　十字卡

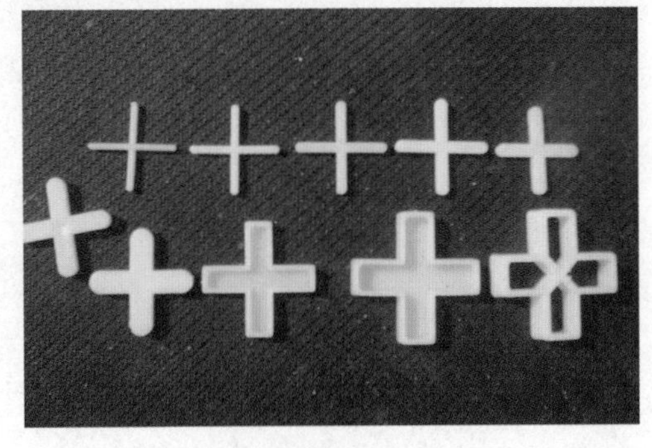

图 5-31　不同规格的十字卡

思考题

（1）为何在建筑工程中首选河砂?

（2）如何区别河砂、山砂、湖砂和海砂?

（3）粉末状勾缝剂与胶状美缝剂有何区别?

（4）瓷砖找平有哪几种方法?

第二节　地面铺装施工流程

地面铺装施工是建筑室内装饰中一个很重要的环节，可以说占据着“半壁江山”的地位。首先，因为其占据的空间大，不管在客厅、卧室、厨房、浴室都要进行精心的施工，地面铺装根据不同房间的要求有不同的铺贴材料、形式。其次，其使用频率高，在地面铺装时要按照施工流程进行细致、专业的施工。

一、基层检查与处理

在铺装之前，首先要对基层进行处理。处理标准是：①地面上的坑、洞要提前抹平，凸出的部分要磨平或者铲平（见图 5-32）。②清理地面，将地面上的灰尘、附着物等各种污染物处理干净。③在铺贴浴室、厨房墙砖与地砖之前要涂上一层防水剂。提前一天浇水湿润（见图 5-33），然后刷一层素水泥稀浆（水和水泥配比为 1：0.4 ~ 0.5）（见图 5-34），再铺上一层砂浆（水泥和砂子配比为 1：3）。砂浆的标准是干湿适度，“手握成团，落地开花”，摊平铺开即可（见图 5-35）。

图 5-32　地面处理

图 5-33　地面浇水

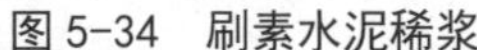

图 5-34　刷素水泥稀浆

图 5-35　搅拌好的水泥砂浆

二、泡砖

在铺砖之前，应先选好瓷砖，按需泡砖。将选好的瓷砖浸泡在水中，浸泡的时间以瓷砖不冒气泡为准，一般要泡 2 小时以上，之后阴干；在铺贴瓷砖时，等瓷砖表面湿润但没有明显的水迹时方可使用（见图 5-36）。

三、绘制标高

在准备铺装前，为了使铺装后的地面在同一水平面上，需要在房间的四周墙面上绘制标高（见图 5-37）。

图 5-36　泡砖

图 5-37　绘制标高

四、铺砖顺序

在不影响铺装效果、质量的前提下，为了使铺装效率更高，通常采用“十字交叉”

的方法，即在横向、纵向两条基准线的基础上，将地面分成四个部分进行铺贴（见图 5-38）。

图 5-38 铺贴顺序

五、地砖预设

（1）铺贴地砖前应根据地砖的规格和室内地面的尺寸（见图 5-39）、设计要求和工艺情况进行预排、试排（见图 5-40）。

图 5-39 测量室内地面尺寸

图 5-40　地砖试排

（2）为了保证铺装效果达到最理想的状态，横向与纵向的不完整地砖（即非整砖）不能超过一行或一列，并且非整砖应该铺设在墙体边缘处，不显眼处或家具遮挡处。

（3）在地面拉两条横向与纵向的水平垂直交叉线，作为基准线。目的是保证整个房间的地砖铺贴得规整。

六、铺基准砖

把地砖铺在砂浆上，以基准线为参考，铺设第一块基准砖。为了使地砖与砂浆之间粘接得紧密，需要用橡胶锤敲打结实，敲打力度适中。敲打结实后，还需要检查瓷砖下的砂浆是否饱满，有无欠浆、不平整的现象；此时需要拿起瓷砖，对欠浆的地方进行补浆填实处理（见图 5-41）。

图 5-41　基准砖铺设

七、二次铺砖

再次把瓷砖铺上，与揭起时的位置保持一致，再进行敲打，直至结实；第二块砖注意与基准砖平齐，每块砖都应在参考基准线的前提下与前一块砖齐平（见图 5-42）。

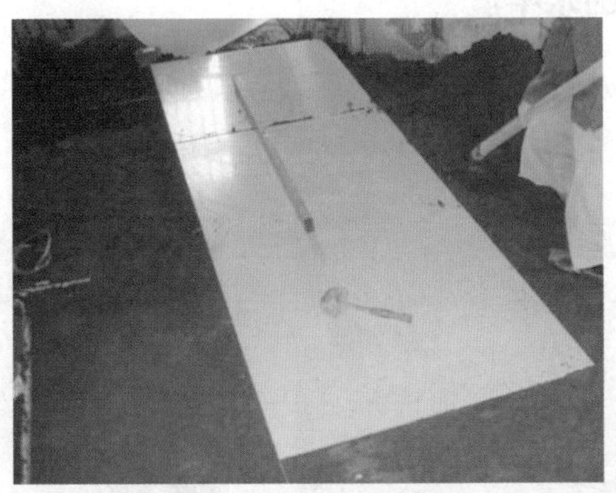

图 5-42 保持与基准砖平齐

八、二次起砖

此时再次起砖，一是为了检查补浆的效果，是否已经饱满，有无裂缝，如果有就要再次补浆；二是要在瓷砖背面均匀地涂抹上一层素水泥浆（水和水泥配比为 1：0.4 ～ 0.5）（见图 5-43）。

图 5-43 抹素水泥浆

九、三次铺砖

在原来揭起的位置进行铺装，同时检查一下是否齐平，然后敲打结实，在敲打的同时要不断检查，与基准砖齐平（见图 5-44）。

十、检查瓷砖的水平度

用水平尺和靠尺对瓷砖的水平度进行检查，如果水平度不够平齐，就用橡皮锤进行不断的敲打，直到趋于完全水平（见图 5-45）。

图 5-44 用橡皮锤不断找平

图 5-45 水平尺检查

十一、切割瓷砖和瓷砖收边

在铺贴到墙脚、阳角、水管口等特殊部位时，需要对整砖进行切割、钻孔处理。使用手动切割机切割出墙脚部分大块面、长直线的瓷砖；或用电动切割机切割出阳角部分 90° 缺口的瓷砖，再慢慢对缺口进行磨边处理；用电钻开孔器或电动切割机在完整的瓷砖中套割出合适的水管洞口和电位洞口，做对位处理（见图 5-46）。

图 5-46 瓷砖水管口开孔

在铺贴完瓷砖后，需要对地板进行收边处理（包括磨边或收口条收边）。用电动切割机对瓷砖进行磨边处理，也可以使用收口条，前提是要清理瓷砖表面后，才能确保收口条粘接牢固、持久。

十二、踢脚线铺贴

瓷砖铺贴到墙脚处时，可铺贴踢脚线。踢脚线有两种铺贴方法，即镶嵌和不镶嵌，通俗讲就是隐形与不隐形，目前使用镶嵌工艺居多。踢脚线可以直接买成品，也可以用瓷砖裁切后作为踢脚线使用（如 800mm × 800mm 的地砖，可直接一分为六或一分为七，裁切后直接作为踢脚线使用）。踢脚线在铺贴时，需要与地面对缝（见图 5-47）。

图 5-47　踢脚线铺贴

十三、留缝

为了防止热胀冷缩对砖体造成损坏，需要在砖与砖之间留一道缝隙。留缝的工具一般有两种：一种是刮刀，用刮刀在砖缝中划出一道缝隙，手法是纵向地来回划、拉，注意要保证砖与砖之间的缝隙均匀、适当；同时要检查两块瓷砖是否齐平（见图 5-48）。另一种是十字卡，又称瓷砖定位十字架，使用方法很简单，一种是平放（见图 5-49），另一种是竖放（见图 5-50）。一般情况下建议一片瓷砖放一个十字卡，一个十字卡最多可使用三次。

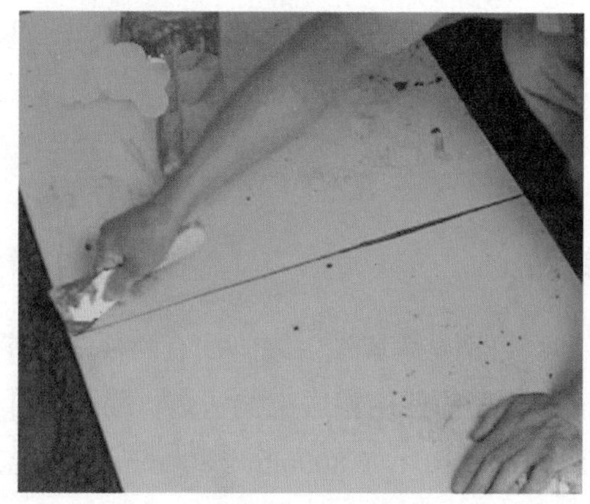

图 5-48　刮刀留缝

图 5-49　十字卡平放留缝

图 5-50　十字卡竖放留缝

十四、填缝、勾缝及其清理

在勾缝之前，先确保瓷砖表面清洁无污染（如无水泥砂浆、粉尘等）。然后，根据不同室内温度、湿度的变化，勾缝时间有细微差别，一般情况下需要等2个小时之后才能勾缝。依据装饰的不同要求，勾缝分为用勾缝剂勾缝和用美缝剂填缝两种施工方式，使用勾缝剂施工速度快，成本较低。使用美缝剂填缝，施工需要时间较长，成本较高，装饰效果优于使用勾缝剂填缝。在处理好留缝的基础上，用勾缝剂进行勾缝，多余的部分用棉纱及时清理（见图5-51、图5-52）。

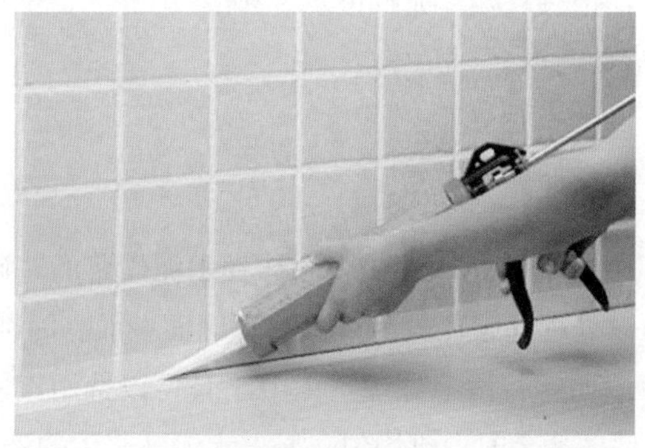

图5-51 填充美缝剂

图5-52 勾缝剂勾缝及清理地砖

思考题

（1）为什么水泥和砂子的配比通常为1：3？

（2）如何确定水泥砂浆已搅拌好?

（3）先铺地砖还是墙砖？分别说明理由。

第三节　墙面铺装施工流程

墙面铺装施工在建筑室内装饰中同样也是一个很重要的环节，与地面铺装相比具有同等重要的地位。目前，室内墙面铺贴方法主要有传统的湿贴法和干挂法。这两种不同的铺贴方法，将对其施工流程分别介绍。

一、湿贴法

1. 清理基层

在墙面铺装施工中的基层处理是在墙面抹批水泥砂浆的基础上进行的，墙面一般都会比较平整，所以处理起来比较简单。清理墙面一般有两种方法：

（1）对水泥砂浆墙面进行凿毛处理。凿毛工具可以选用钢錾子，也可以使用效率更高的凿毛机。对墙体凿毛时，要均匀，暴露水泥砂浆中的沙砾为止（见图 5-53）。墙面凿毛后还要对墙面进行洒水养护。

图 5-53　凿毛机凿毛效果

（2）用 1∶1 水泥细砂浆内掺水重 20% 的 107 胶对墙面进行拉毛处理。这种处理方法可以用喷或者用笤帚将调好的水泥砂浆甩到墙上的方式来完成。这时需要注意甩点的大小要大致均匀、排列要大致规律。等其凝固后浇水养护，直到水泥砂浆形成的凸起牢固（用手蹭不掉），并有较高的强度为止。

两种方法虽然不同，但是目的都是增大墙面的摩擦力，在铺贴墙砖时，对满批水泥砂浆的墙砖起到一定的“挂钩”作用。当然，这是在墙面比较理想的状态进行的，有时候墙面会有尘土、油污等不利于施工的污染物，需要先将它们处理掉。面对灰尘，先用钢丝刷满刷一遍，理由是能对墙面进行深层次的清洁；再用扫帚扫一遍。面对油污，要用到 10% 的火碱水进行刷洗，之后用净水将碱液冲洗干净、阴干（见图 5-54）。为了墙砖铺贴得更牢固，两种方法可同时使用。

图 5-54 水泥砂浆拉毛效果

特别注意的是，卫生间、厨房以及直接对外开敞阳台的墙面要做防水处理。因为这些墙体最容易受到水汽侵袭、破坏，对防水有严格要求。如果没有防水层的保护，背墙面和对顶角墙易潮湿、霉变，所以一定要在铺贴墙面瓷砖之前，做好墙面防水。处理方法是：刷防水层前先对基面进行处理，确保基面平整、坚固、干净，没有灰尘、油渍等杂物；并用干净的湿布擦一次（含水率一般不大于 9%）。如果墙体有空隙、裂缝、起砂、松动、空鼓等缺陷时，必须对其进行修补：有空隙、裂缝等可用水泥砂浆抹平（阴角、阳角处应抹成圆弧形），有起砂、松动等可用钢丝刷刷掉。淋浴区、非承重的轻体墙从地面往上刷 1.8m，其他墙面刷 0.5m 即可（包括厨房在内）。如果靠近卫生间的房间是卧室，且正好有柜子在背墙时，一般情况下要全刷。涂刷时力度均匀，并且不能漏刷；防水层不宜刷太厚，一般 1 ~ 2 遍即可，前后两遍涂刷时保持垂直相交的角度，这样才能确保充分覆盖到位（见图 5-55、图 5-56）。注意管口、转角处的涂抹，防止干固后产生裂缝。同时，防水层刷太厚也不利于粘贴瓷砖。

在防水工程完成后，还要对其进行养护。一般在施工的 24 小时后，用湿布覆盖涂层或喷雾洒水对涂层进行养护。在完全干固前，禁止尖锐损伤、暴晒。同时，还要对防水效果进行仔细检查，特别接缝处、阴角、阳角、管口等部位。检查标准是防水涂层固化后，不出现起泡、起皮、褶皱、露胎、空鼓等现象。处理好防水层之后，再在防水层上面进行拉毛处理。注意：不能用凿毛方法处理，否则会破坏防水层。

图 5-55　涂地面防水层

图 5-56　涂墙面防水层

2. 选砖

不管是墙砖还是地砖，尽量购买同一批次的砖。因为不同批次的瓷砖在烧制过程中，温度会有细微的差别，导致不同批次的瓷砖颜色也会有细微差异。在选瓷砖时要对购买的面砖开箱检查，需对其规格、颜色、完整度、平整度严加检查。要求所选面砖棱角完好，同一规格面砖，力求色泽均匀；不同规格面砖进行分类堆放，并分层、分间使用（见图 5-57）。

图 5-57　选砖

3. 泡砖

墙面铺贴与地面铺贴一样，在铺砖之前，都要按需泡砖，这是为了避免水泥砂浆快速凝固开裂，最终导致瓷砖开裂。浸泡的时间以瓷砖不冒气泡为准，一般要泡 2 小时以上，之后阴干。注意：要将瓷砖完全浸泡到水中（见图 5-58）；如果瓷砖过大，无法完全浸入水中，要将没泡过的部分再泡 2 个小时，这样才能保证施工质量。在铺贴瓷砖时，等到瓷砖表面湿润但没有明显的水迹时方可使用。

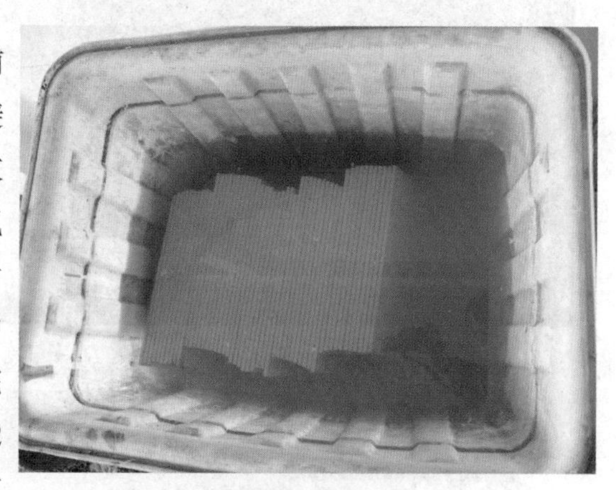

图 5-58　泡砖

4. 墙砖预设

墙砖预排、试排应根据设计要求和施工工艺。同时，为了使铺装效果达到理想状态，横向与纵向的不完整瓷砖（即非整砖）不能超过一行或一列，并且要求非整砖尽量铺设在墙角边缘、阴角等不显眼处。注意阳角、阴角的处理，要用电动切割机切割阳角处的瓷砖，做对缝铺贴（见图 5-59）。如果墙面阳角处，不做磨缝处理，则需采用瓷砖收口条封边。阴角处的瓷砖要有一定的遮挡关系（见图 5-60）。砖块的排列应从阳角开始，阴角结束。如果墙体两边都为阴角，排列顺序从较显眼的位置或顺手的位置开始（见图 5-61）。在做墙砖预设铺贴时，需要对墙面预埋的水管接口以及电位开口，做对位的开孔处理（见图 5-62、图 5-63）。

图 5-59　阳角处理

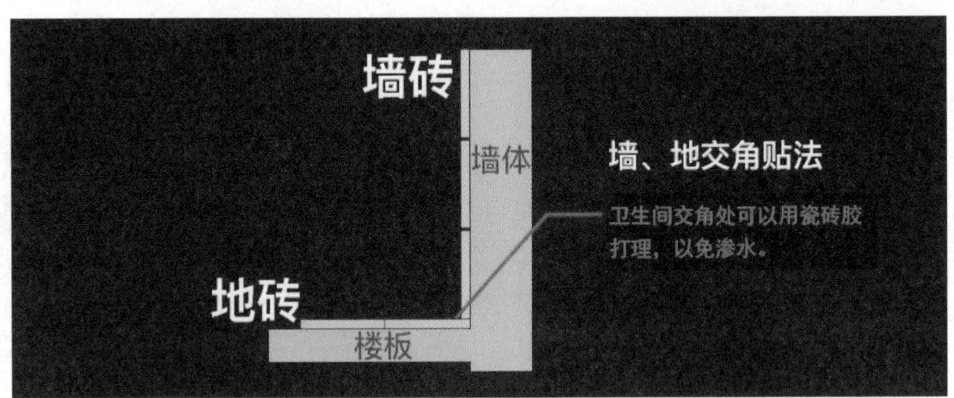

图 5-60　阴角处理

图 5-61　墙砖试排

图 5-62　瓷砖水管和电位开孔

图 5-63　瓷砖水管开孔

5. 弹水平线

为了保证墙砖在铺贴时达到横平竖直的效果，需要在墙上弹一条水平线作为基准线（此时可以选用尼龙线或者墨斗进行弹线）。沿着弹出的水平线放置一个托板，其目的是防止水泥砂浆在未曾硬化、建立强度前，不至于下坠或位移（见图 5-64）。

图 5-64　弹水平线

6. 贴灰饼、冲筋

在铺贴墙砖前，要在一板墙上贴灰饼，这是为了保证墙砖的平整度和垂直度而做的块状砂浆，一般是每 1.5 ㎡做一个灰饼（见图 5-65）。冲筋的原理相同，只不过它是条状，这两项施工工艺又被称为“打点冲筋”（见图 5-66）。

图 5-65　贴灰饼

图 5-66　冲筋

7. 贴基准砖

将 107 胶水混合的水泥砂浆（水泥砂浆、胶、水配比为 10 : 0.5 : 2.5）用铁抹子满批在浸泡过的瓷砖上，水泥砂浆涂抹要注意饱满（见图 5-67）。将满批水泥砂浆的瓷砖沿着托板铺贴到墙面上，并用橡胶锤敲打、锤实，注意要敲得均匀，直至敲平（见图 5-68）。敲平后拿下来观察，看是否有缺浆现象，如果有就要进行补浆（见图 5-69）。将未饱满之外填满后，在水泥砂浆上撒素水泥（纯水泥）（见图 5-70），保证瓷砖与墙面粘接牢固，提高施工效率，避免在铺贴下一块瓷砖时向后坠落。上述步骤完成后，将瓷砖铺贴到墙面上，用橡胶锤敲打结实，并注意其平整度。

图 5-67　满批水泥砂浆

图 5-68　敲平瓷砖

图 5-69 补浆

图 5-70 撒素水泥

8. 填浆

水泥砂浆在未建立强度前，总会向下滑。这时，瓷砖上面会缺浆，需要用小号的铁抹子对瓷砖进行填浆，直至填满（见图 5-71）。

9. 留缝

与地砖一样，墙砖也要做留缝处理，目的是为了把墙砖铺贴得平整、规矩。在铺贴第二块瓷砖时就要注意留缝。一般情况下，墙面的留缝宽度以 1~2mm 为佳，但一些规格为 100mm × 100mm 的瓷砖为了美观，留缝宽度往往较大。地砖留缝有两种方法，一种是用刮刀留缝，另一种是用十字卡留缝。墙面建议使用十字卡留缝，留缝效果更好。将相应规格的十字卡插入砖与砖之间的缝隙,可以平放,也可以竖放。等到水泥砂浆凝固后，取出或嵌入缝隙里，用勾缝剂覆盖（见图 5-72）。

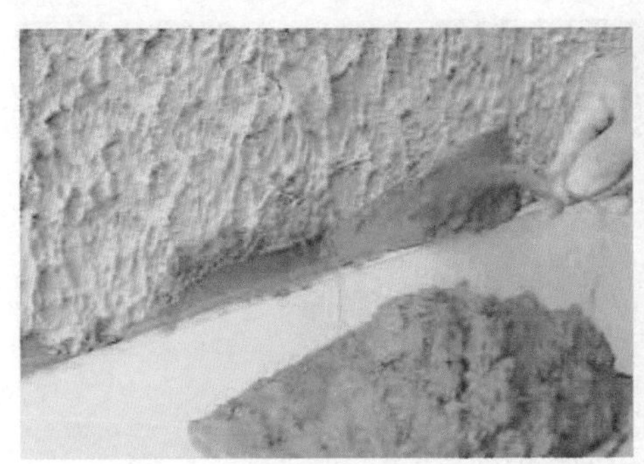

图 5-71 填浆

图 5-72 十字卡留缝

10. 找平

在铺贴第二块瓷砖留缝的同时，也要对墙面瓷砖进行找平。方法是使用 2m 靠尺横向找平，发现凸起的瓷砖要用橡皮锤敲平，凹下去的瓷砖要取出添浆，再重新粘贴。找平工作要在贴砖的过程中不断进行，等瓷砖铺贴 2 ~ 3 行时，用靠尺横向、纵向检查水平度；同时应随时拉线检查缝格的平直度，如超出规定应立即修整，将缝修直，并用橡皮锤敲实。注意：此项工作应在结合层凝结之前完成（见图 5-73）。

图 5-73　用靠尺找平墙砖

11. 勾缝、擦缝

在勾缝之前需要对铺贴好的瓷砖进行清洁工作。保证瓷砖干净。之后的 24 小时再对墙砖进行勾缝、擦缝的工作，填缝材料应采用同一品种、同强度等级、同颜色的水泥、白水泥、石膏灰浆、色浆、勾缝剂或专门的嵌缝材料（见图 5-74、图 5-75）。

图 5-74　勾缝剂勾缝

图 5-75　擦缝

12. 检查、养护

最后对铺贴好的墙砖进行检查，主要检查的对象有：①阳角、阴角是否直角（见

图 5-76、图 5-77)。②墙砖是否有空鼓现象。重点敲打瓷砖的边和角，这些是最容易发生空鼓现象（见图 5-78）的部位。③是否平整，主要用手摸瓷砖的接缝处和四角汇合处是否平整，如果瓷砖的四角汇合处是平整的，而中间有凹凸现象，可能就是瓷砖本身的问题了（选砖过程不到位）（见图 5-79）。最后是瓷砖的养护问题，铺好瓷砖 24 小时后，需要进行洒水养护，时间不应少于 7 天。

图 5-76 阳角测量

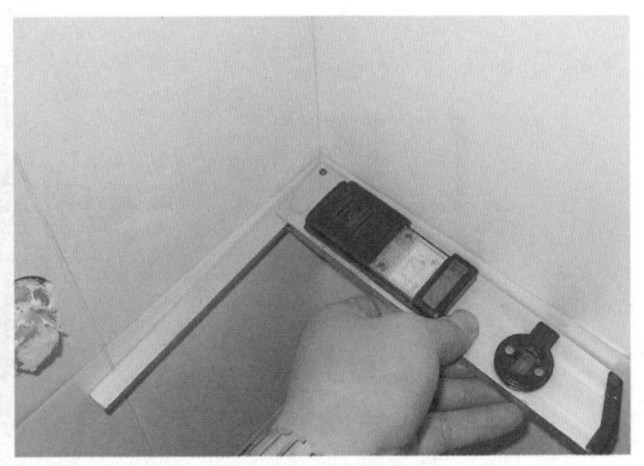

图 5-77 阴角测量

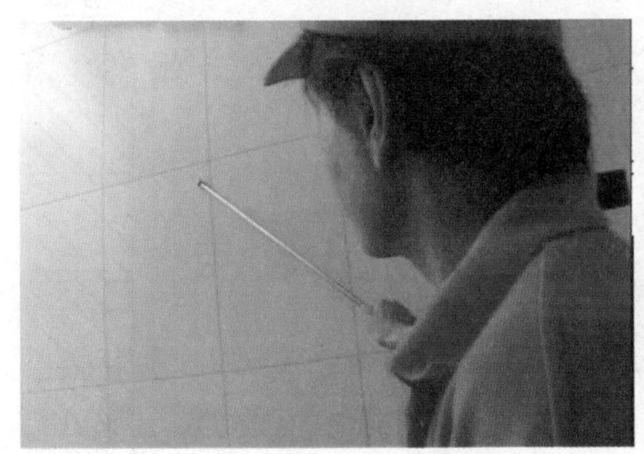

图 5-78 检查墙砖是否空鼓

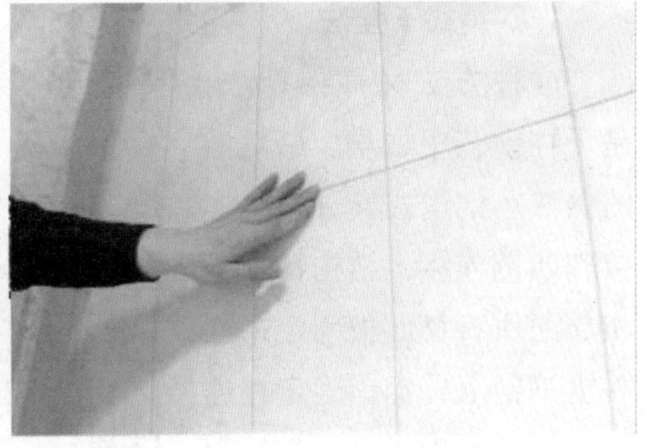

图 5-79 触摸墙体是否平整

二、干挂法

墙砖干挂法是当代墙体饰面一种新型的施工工艺。该方法以金属挂件将墙砖直接吊挂于墙面或空挂于钢架之上，不需要再次灌浆粘贴。其原理是在主体结构上设主要受力点，通过金属挂件将墙砖固定在建筑物上，形成墙砖装饰幕墙。墙砖干挂的方式一般来说可以分为 5 种（见图 5-80）:

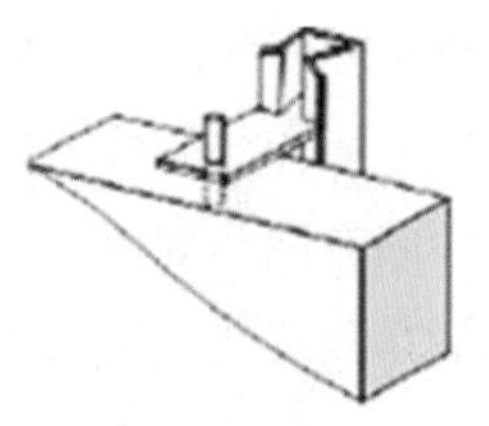

1. 钢销式

2. 短槽式

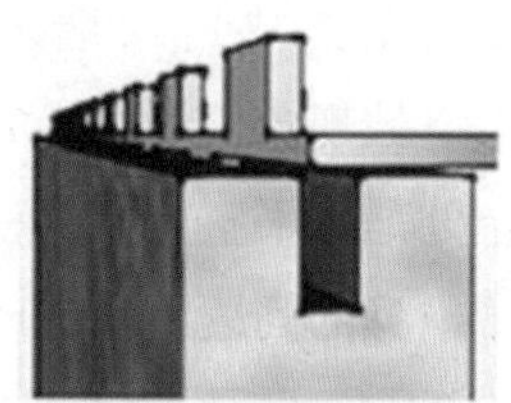

3. 通槽式

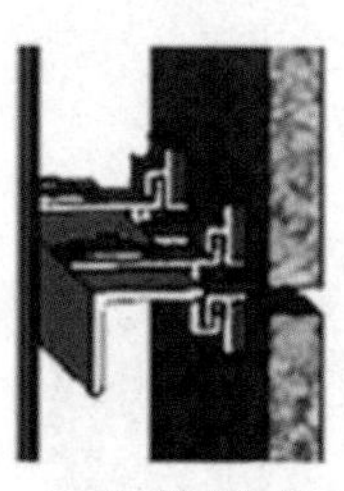

4. 小单元式

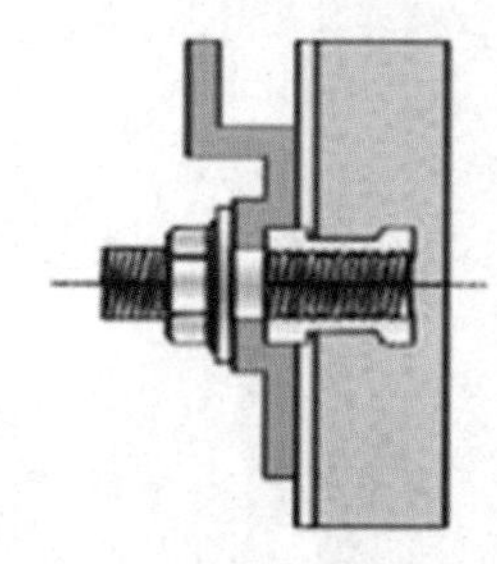

5. 背栓式

图 5-80　干挂法种类

1. 钢销式干挂法

这种方法又称插针法，是干挂工艺中最早、最简洁的做法。钢销式又分两侧连接和四侧连接，结构特点是相邻两块石材面板固定在同一支钢销上，钢销固定在连接板上，连接板再与骨架固定（见图 5-81）。

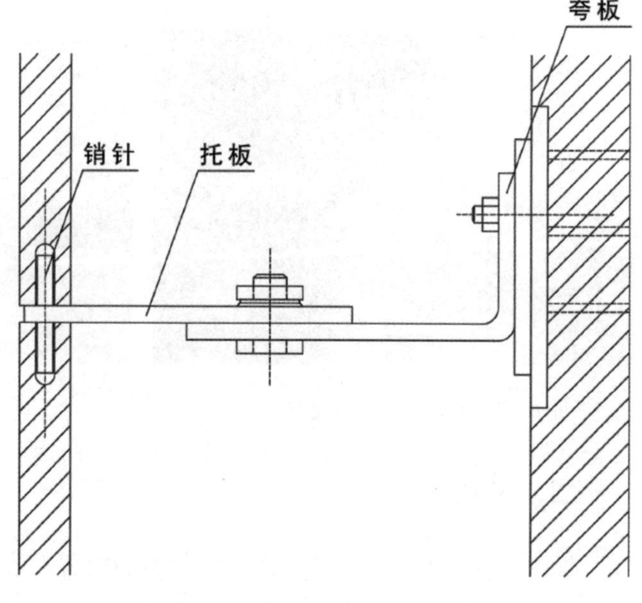

图 5-81　钢销式干挂法

2. 短槽式干挂法

短槽式干挂法可分为单肢短槽式和双肢短槽式。

（1）单肢短槽干挂法。这种方法是将相邻的两块石材或瓷砖面板共同固定在“T”形卡条上，“T”形卡条为不锈钢或铝合金，卡条再与骨架固定就可以了（见图 5-82、图 5-83）。

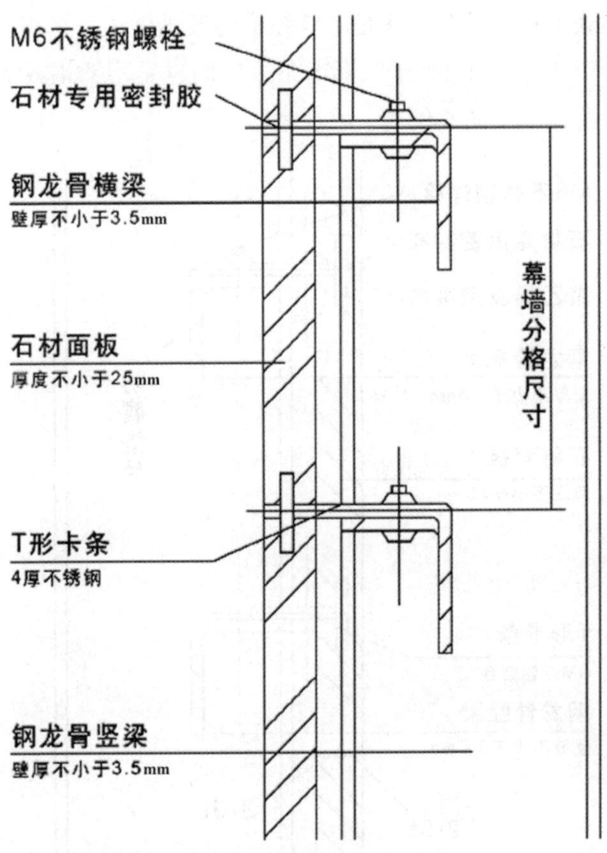

图 5-82 单肢短槽干挂法立剖面

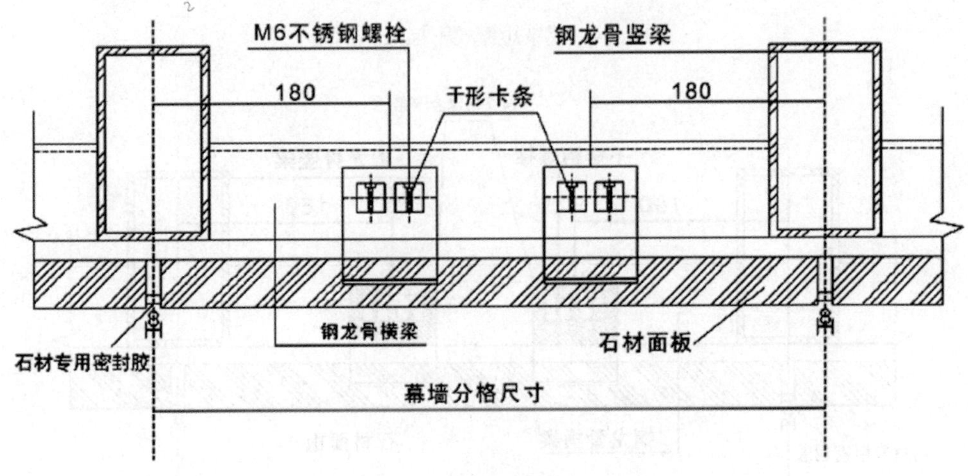

图 5-83 单肢短槽干挂法平剖面

（2）双肢短槽式干挂法。此方法是单肢短槽的改进做法，将相邻的两块石材面板共同固定在“干”形卡条上，“干”形卡条采用的也是不锈钢或铝合金，与骨架固定就可以了（见图 5-84、图 5-85）。

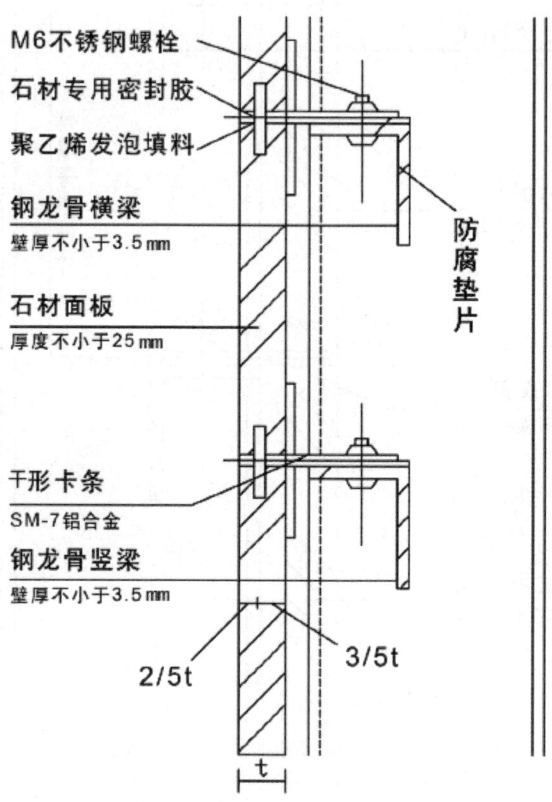

图 5-84 双肢短槽式干挂法平剖图

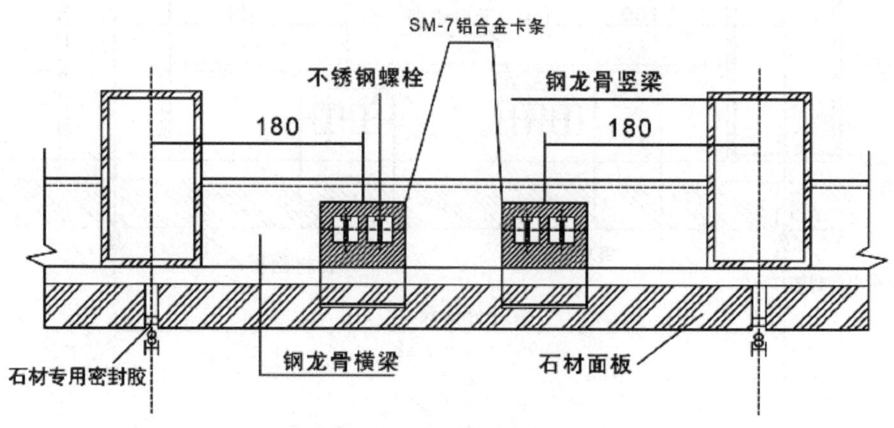

图 5-85 双肢短槽式干挂法立剖图

3. 通槽式干挂法

原理与单肢短槽式干挂法相近，只是采用通长卡条，上下开通槽。在单元式石材或瓷砖幕墙中，更多采用这种干挂法（见图 5-86）。

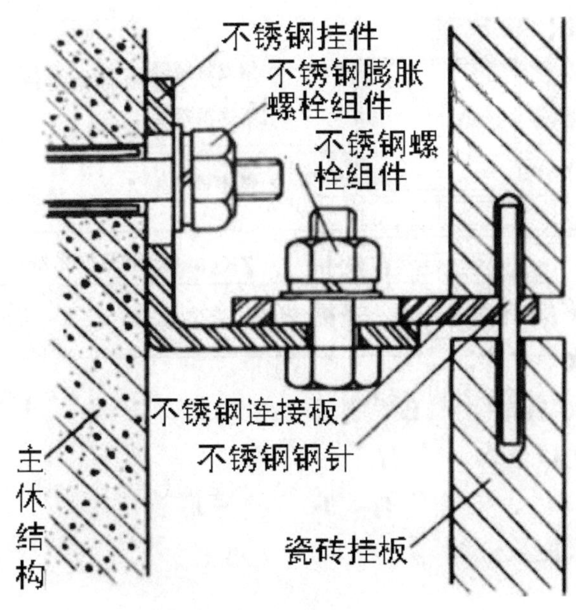

图 5-86　通槽式干挂法

4. 小单元式干挂法

由金属副框、各种单块板材采用金属挂钩与立柱、横梁连接的可拆装的建筑幕墙称为小单元建筑幕墙。小单元式干挂法工艺中的石材或瓷砖虽然还是通过铝合金卡条与骨架相连但不同的是相邻的石材均独立与骨架（铝合金主梁）相连。这一连接方式彻底改变了传统干挂石材幕墙的物理性能、设计方法、加工方法和施工工艺（见图 5-87、图 5-88）。

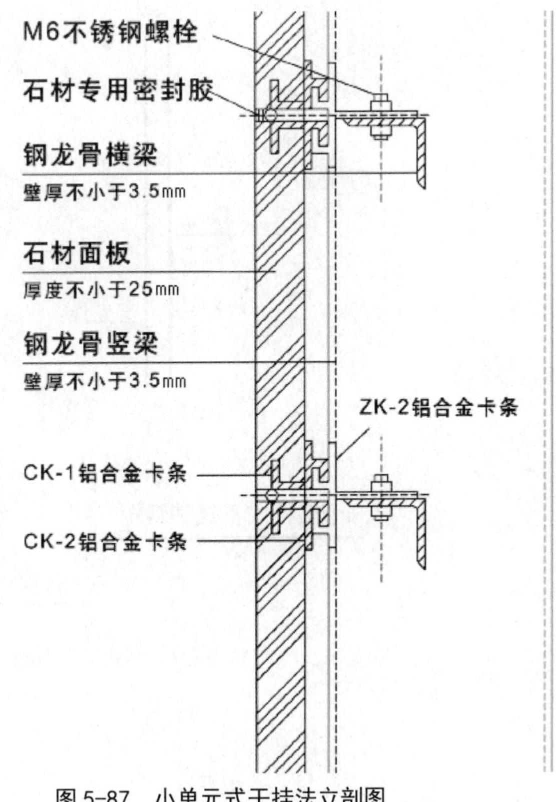

图 5-87　小单元式干挂法立剖图

5. 背栓式干挂法

背栓式干挂法是在石材或瓷砖的背部打孔，用锚栓连接金属件与墙体上龙骨连接的一种比较先进的干挂工艺，此工艺由后切式锚栓及后支撑式系统共同组成幕墙的干挂体系（见图 5-89）。

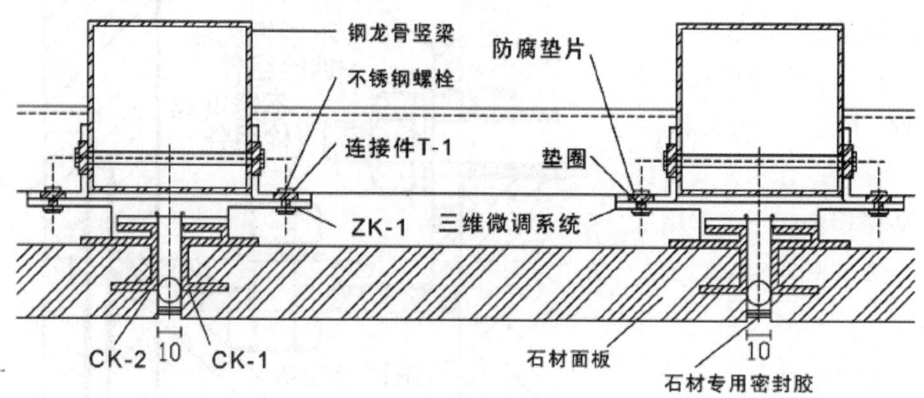

图 5-88　小单元式干挂法平剖图

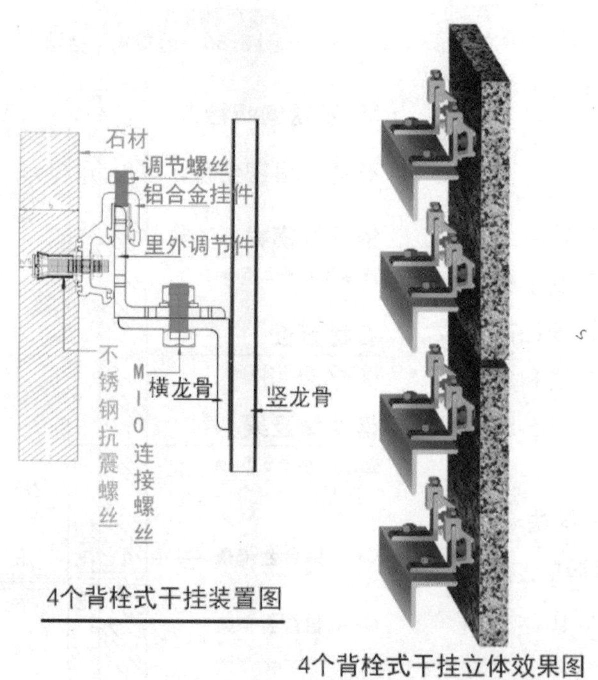

图 5-89　背栓式干挂法

下面对建筑室内装饰干挂法中的钢销式干挂法施工流程进行介绍：

1. 基层处理

与湿贴法不同，干挂法的基层处理比较简单。清理内容主要有：

（1）将墙面基层表面清理干净，对局部影响骨架安装的凸出部分应剔凿干净。

（2）检查饰面基层及构造层的强度、密实度，应符合设计规范要求。

（3）根据装饰墙面的位置检查墙体，局部进行剔凿，以保证足够的装饰厚度。

2. 瓷砖准备

首先，需要对瓷砖的颜色进行挑选分类，方法是用比色法挑选。需要注意的是安装在同一墙面上的瓷砖，其颜色、光泽度要保持一致。瓷砖打孔的孔径应根据设计尺寸和图纸的要求，将专用的模具固定在台钻上，对瓷砖进行打孔（见图 5-90、图 5-91）。之后，在瓷砖背面刷不饱和树脂胶；并在瓷砖刷第一遍胶前，在瓷砖上进行编号标记，同时要注意将瓷砖上的灰尘、污物清除干净。

图 5-90　瓷砖背面栓描孔

图 5-91　瓷砖背面栓打孔

3. 墙面分格放线与安装骨架

首先要将骨架的位置弹线到主体结构上，并根据施工图纸和实际的轴线及标高点进行放线工作。用经纬仪打出大角两个面的竖向控制线，最好弹在离大角 20cm 的位置上，以便随时对垂直挂线的准确性进行检查，保证安装的顺利进行。其次用水准仪测定水平线，并将其标注到墙上。一般情况下都是先弹出竖向杆件的位置，并确定竖向杆件的锚固点。当竖向杆件布置完毕后，再将横向杆件位置弹在竖向杆件上。在骨架施工中，重点是主龙骨与墙体预埋件的焊接质量。安装骨架的质量控制点：①竖向、横向龙骨弹线位置；②竖向龙骨是否在同一平面上（见图 5-92）。

图 5-92　安装骨架

4. 安装支底层饰面板托架

安装好骨架之后，将预先加工好的支托安上平线，支撑在将要安装的底层墙砖上面。支托要支撑牢固，相互之间要连接良好，也可和架子接在一起。支架安好后，顺支托方向铺通长 50mm 的厚木板，木板上口要在同一水平面上，以保证墙砖上下面处在同一水平面。

5. 安装连接固定件

在安装瓷砖板材时，应使用不锈钢螺栓固定角码和不锈钢挂件进行固定（见图 5-93、图 5-94、图 5-95）。安装时需要调整挂件的位置，使挂件的 T 形挂钩与墙砖的粘贴挂槽对正，固定挂件用力矩扳手拧紧（见图 5-96）。

图 5-93　不锈钢螺栓

图 5-94　连接角码

图 5-95　不锈钢挂件

图 5-96　瓷砖背栓上扣件

6. 瓷砖板材安装

在瓷砖板材安装开始时，一般由主要的立面或主要的观赏面开始，由下而上依次按一个方面顺序安装，尽量避免交叉作业以减少偏差，并注意板材色泽的一致性。每层安装完成后，应做一次外形误差的调校，并以测力扳手对挂件螺栓旋紧程度进行抽检复验（见图 5-97）。

图 5-97　板材上架调平固定

7. 安装瓷砖底层板

在安装底层瓷砖前，需要先把底面的不锈钢挂件安好，将墙砖侧孔抹胶，再将墙砖按位置插入挂件，调整挂件和面板固定。按顺序安装底层面板，待底层面板全部就位后，检查一下各板是否在一条线上，如有高低不平的要进行调整；低的可用木楔垫平，高的可轻轻适当退出点木楔，直至面板上口在一条水平线上为止。先调整好面板的水平度与垂直度，再检查板缝，板缝宽应按设计要求，误差要匀开。安装结束用嵌固胶将锚固件填堵固定。

8. 浇筑填充物

在每层瓷砖安装完成后，需要对其背面浇筑水泥砂浆填充物。目的是增强瓷砖的强度和稳定性，避免瓷砖受到较强外力冲击时损坏。每安装调试完一层瓷砖就要进行该层瓷砖的浇筑工作，瓷砖缝隙需要用木条或特制橡皮胶条进行封堵，以免水泥砂浆等填充物渗漏。填充时要把里面的空气挤出来，否则就会出现空鼓现象，影响施工质量。但是，随着瓷砖干挂法技术的进步，也可以不用对其进行填充，而是通过增强瓷砖自身的抗冲击力来达到提高墙体整体稳定性的目的。

9. 安装瓷砖上行板

所谓“上行板”就是底层板以上一行的瓷砖。在安装瓷砖时，应把嵌固胶注入下一行的粘接件背开槽内，调整板砖的平整度及直线度并用石膏粘件临时固定。

10. 填缝、擦缝

瓷砖挂贴施工完毕后，对瓷砖表面和缝隙进行清洁。先用直径 8 ~ 10mm 的泡沫塑料条填实板的内侧，留缝的深度为 5 ～ 6mm；在缝两侧的瓷砖上，紧靠缝隙粘贴宽 10 ～ 15mm 的塑料胶带，目的是防止打胶填缝时污染瓷砖的表面。然后用打胶枪填满密封胶（如图 5-98），如果发现密封胶污染板面，必须立即擦净（如图 5-99）。

图 5-98　填缝

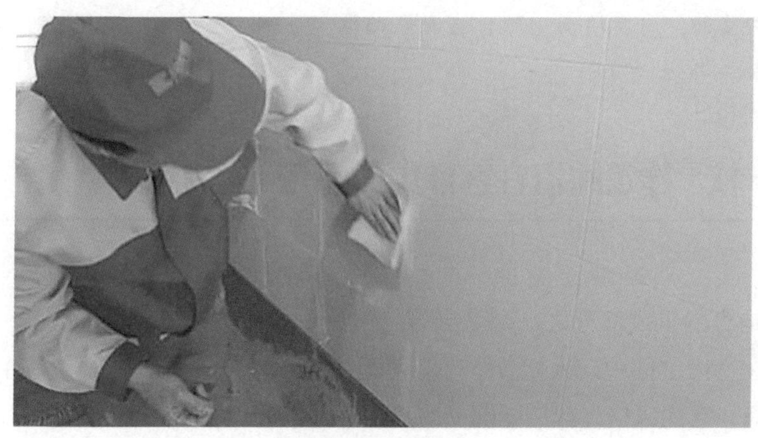

图 5-99　擦缝

思考题

（1）墙面瓷砖湿贴法与干挂法分别有什么特点？

（2）墙砖与地砖有什么不同之处？

（3）对瓷砖开孔时，应在瓷砖的正面还是背面？

（4）墙面阴角、阳角干挂时如何处理？

第六章 建筑陶瓷与住宅室内设计

本章重点：针对不同尺寸、肌理、材质建筑陶瓷，在各类装饰风格的住宅室内空间中恰当地选择和使用。了解不同类型的瓷砖选用与各种室内设计风格之间的关系，满足使用者对住宅室内空间的审美要求。

本章难点：建筑陶瓷与室内设计之间的装饰关系。

在住宅室内设计中，瓷砖是常见为装饰材料之一。瓷砖具有高强度、耐火、耐久、耐水、耐磨、易清洗等优点，因此在室内住宅装饰中应用广泛。瓷砖在室内装饰中依据使用部位不同分为地板砖和墙面砖。地板砖又称地面砖，其规格多样，砖体拥有质地坚硬、耐压耐磨、防潮等特点，具有良好的装饰作用。墙面砖是立面装饰材料之一，具有保护墙面、防止潮湿、防止墙面渗水等功能。在室内装饰中，常用于水池和浴室墙面、厨房墙面、阳台墙面等部位。

第一节　建筑陶瓷在客厅中的运用

客厅是房屋组成部分之一，是会客、聚会、娱乐、家庭成员聚谈的主要场所，同时也是在室内空间中，人们日常生活使用最为频繁的场所。客厅作为住宅中重要的起居空间，它的风格设计最能够反映出住宅主人的性格、审美、个性等内在特点。

客厅同时作为住宅的交通中心，连接着不同的房间，是在住宅活动中，使用频率最高的空间。客厅铺装作为客厅重要的组成部分，选取和设计客厅铺装是一门关于如何把美观与实用结合起来的学问，因此如何选用瓷砖尤为重要。由于客厅使用频率较高，为了保持地板砖的装饰效果，在设计中设计师尽量避免选用实木地板之类不耐磨材料，而常常选用具有较高耐磨性的瓷砖用于设计和铺装。

地板砖常见尺寸规格为400mm × 400mm或1000mm × 1000mm，瓷砖尺寸的选择要依据客厅的面积决定。一般说来，为了客厅的空间比例感协调，当客厅面积在15m^{2}以下时，优先考虑尺寸为600mm × 600mm的地面瓷砖；当客厅面积在30~40m^{2}时，优先考虑尺寸为800mm × 800mm的地面瓷砖；当客厅面积达到40m^{2}以上时，优先考虑选择 1000mm × 1000mm 的地面瓷砖。

在图案和材质的选取上，要根据室内设计风格来选取瓷砖的样式。例如，选择仿大理石全抛釉瓷砖可以烘托出欧式家居设计典雅大气的风格特点；选择木纹瓷砖可以营造出温馨、朴实、自然的效果；使用灰色系、仿石纹、仿古砖的瓷砖可以配合线条简洁的家具塑造出现代简约风格。

在住宅室内装饰中，有各种各样的装饰风格，如地中海风格、现代简约风格、田园风格、欧洲古典主义风格等。在不同的装饰风格中，瓷砖的铺贴和搭配都有各自的特点和规律。

地中海风格具有自由奔放、色彩多样明亮的特点。选择地中海风格的人群具有色彩明亮，小清新且具有地域风情审美需求。因此，地中海风格室内设计常用蓝、白、黄或白、橙、褐等作为整体颜色，并在材质选择上采用偏石材肌理的瓷砖来体现地中海的风格。在此同时，地中海风格不宜使用暗色系的全抛釉面砖，如果选择了深色系全抛釉面砖，会对塑造地中海风格的活泼清新的效果进行影响从而达不到预期的效果。

图 6-1　地中海风格客厅 1

在图 6-1 所示的住宅客厅设计中，同样是地中海风格的客厅室内设计。为了表现出地中海风格中，客厅明亮且海边风情浓郁的格调，设计者选用了 600mm × 600mm 的浅灰色、仿石纹、仿古砖的瓷砖进行铺地设计。为了获得更好的室内采光效果，设计师选用白色系与浅灰色系的地面瓷砖做搭配。浅色系的地面瓷砖具有较为良好的光折射效果，阳光通过白墙和瓷砖的折射增强了室内的整体亮度，营造出明亮的室内环境效果。在此基础上，室内整体颜色和图案的选用不宜做出过多的变化，统一而明亮的色调更能烘托出地中海的地域风情。

图 6-2　地中海风格客厅 2

在图 6-2 所示的住宅客厅设计中，利用不同尺寸规格的暖色系仿古瓷砖进行拼贴铺装，通过尺寸大小和色彩明暗的改变，使地面铺装的图案层次有了更多的变化。配合木质和藤编织的家具与波浪状的隔墙和深褐色木条的天花等创意设计，表现出海边驳岸的元素特点，营造了阳光沙地与海边的地中海风情。

地面瓷砖规律的组合拼铺，能让地面不显得单调乏味。但要注意的是在瓷砖样式和拼花的选择上要与室内环境相适应。在该设计中，设计师选择了地面重色系列瓷砖进行拼贴铺装，与此相对应的墙面减少了装饰。简洁的白墙面与重色系地面铺装相互呼应，强烈的色彩反差搭配更加能突出简洁、大方的地中海风格装饰效果。

美式田园风格又被称为美式乡村风格。美式田园风格推崇自然、结合自然，在室内环境中力求表现悠闲、舒畅、自然的田园生活情趣。选择美式田园风格的人群一般具有一定的文化水平，需求一种具有闲趣但有底蕴的感觉。美式田园风格不仅在家具方面对仿古制品有所要求，同时在地板铺装上追求复古的装饰效果。仿古砖以及瓷砖花片带有古典的独特韵味，很能吸引人们的目光，善于营造出怀旧复古的氛围，因此在美式田园风格的客厅装饰中比较常用。

图 6-3　美式田园风格客厅

在图 6-3 所示的住宅客厅设计中，设计师选用了 600mm × 600mm 的褐色与中黄色仿古砖交错拼花作为客厅地面装饰主题，同时使用交叉斜铺的花边地砖镶边，具有强烈的图案性装饰效果。地面瓷砖与浅色美式家具相互搭配，营造出具有悠闲、舒适和强烈戏剧性装饰的客厅空间，让人感受到浓郁的田园风情。

在这里要特别指出，要达到田园风情装饰风格的效果，在瓷砖选用上不宜使用 800mm × 800mm 的大块地面瓷砖。同时，抛光砖、全抛釉面砖由于反光强烈也不宜选用。在地面砖色彩的选择上，使用暖色调的砖体（如暖黄色系列）比较容易达到田园风的设计效果。在地面图案选择上，多种地面砖做斜向拼花处理，更加能够突出装饰效果。

现代简约风格是现代住宅室内设计中最常用的设计风格。现代主义装饰风格一向有别于罗马风、洛可可以及欧洲古典主义等系列传统欧式烦琐的装饰风格。在设计上，现代简约室内装饰风格追求简朴、通俗、实用的住宅室内设计效果。该风格注重居室使用功能与建筑空间的完美结合。选择现代简约风格人群一般是需求高效简单实用。由此在现代简约风格装饰风格在室内设计中，要求住宅整体室内设计简约大方、规整实用。在地面设计的时候，瓷砖样式的选用不宜考虑过于烦琐的拼花瓷砖或者仿古瓷砖，应优先选择简洁明亮的釉面砖、抛光砖、全抛釉等尺寸较大的地面瓷砖。

图 6-4　现代简约风格客厅

在图 6-4 所示的住宅客厅室内设计中，为了表现现代简约风格住宅设计中的简洁、文雅、大方，设计者选用了 800mm × 800mm 的浅暖灰色釉面哑光砖作为主体用砖进行地面铺贴。大量的浅暖灰色釉面哑光砖用于地面后，同时配合墙上乳黄色的墙纸和黑蓝色的装饰面，营造出简洁温馨、素雅朴实的效果。这样一来，整个室内空间装饰简洁、空间明度层次分明，铺地材料与家具纺织材料和谐，整体家装线条流畅简洁，表现出含蓄、文雅、大方的客厅室内空间装饰效果。现代主义简约风格颇受现代年轻人的喜欢，是市场上最受欢迎的装饰风格之一。为了达到简约的装饰效果，设计师在瓷砖的选用上一般都会选择纯色系、浅色系的地面和墙面瓷砖，并且多用顺序铺装的瓷砖拼接。

新中式风格是在设计中选取和使用有代表性的传统中式古典元素，形成具有复古和简约并存的现代装饰风格。该风格设计中，将传统家居中的经典元素提炼并加以丰富，作为主要装饰元素贯穿在整个设计当中。这个类型的室内装饰深受中年人群的喜爱。

在图 6-5 所示的住宅客厅设计中，客厅地面铺装常会选用浅色系瓷砖进行铺贴设计。该设计中，设计师大胆地选用了 800mm × 800mm 一分二裁切的深褐色仿古瓷砖，配合墙面白色仿大理石釉面瓷砖，达到了明度强烈对比的装饰效果。与此同时，配合褐色木质新中式家具，创造出具有典雅中式与现代艺术并存的客厅空间，让住宅主人感受到现代装饰艺术与中式文化相结合的魅力。在此基础上，新中式风格不建议使用颜色鲜艳的釉面砖和抛光砖来进行室内住宅装饰设计。在材料肌理的选择上，不应采用过于复杂的纹样和繁复拼花图案样式，而是采用比较简洁的顺序铺装或交错拼接的方式来进行新中式风格的室内客厅铺装设计。

图 6-5　新中式风格客厅

思考题

（1）在选用的客厅地面铺装瓷砖中需要考虑哪些因素?

（2）请列举两个不同装饰风格的客厅进行对比分析，谈谈如何根据室内的装饰风格挑选合适的瓷砖对客厅进行铺装设计。

第二节 建筑陶瓷在卧室中的运用

卧室是居住者睡眠、休息的空间，也是住宅内最为私密的场所。人的一生之中，有一半时间是在卧室里的床上度过。因此，卧室空间布置得好与坏，会直接影响到居住者的生活质量，从而影响居住者的工作和学习。卧室的装饰设计，是住宅室内装饰设计的重点之一。卧室空间格局的设计不仅要考虑家具摆放的位置，还要考虑整体家具风格的设计，以及墙面铺贴和地面铺装的装饰设计。

一般单个卧室的使用面积为 10~20m^2，其所占的空间面积比客厅的使用面积要小。因此，一般不会选择尺寸为 1000mm × 1000mm 及以上规格的瓷砖，而是优先选择 600mm × 600mm 规格的瓷砖或者 100mm × 100mm 的花片进行卧室地面的铺贴设计。有些时候为了表现特殊的铺贴效果，可以选择其他特殊尺寸规格的瓷砖来对卧室地面进行铺贴设计。

在图案和材质的选取上，与客厅的瓷砖样式的选取原则一样，也要根据室内设计风格来选取瓷砖的样式。例如，选择色泽亮丽的仿古瓷砖来表现地中海风格的假日风情；选择仿木制纹理的木纹瓷砖来营造美式田园风的自然风情；选择朴实无华的灰白色瓷砖来体现简洁大气的北欧式现代简约风格。

在图 6-6 所示的住宅卧室设计中，为了表现出黄昏中的地中海风情，设计者选用白色、黄色作为卧室的主基调，并加以一点蓝色的装饰物作为点缀来表现出海洋的元素。为了配合暖色的黄昏基调，选取了 800mm × 800mm 一分四裁切的褐色仿古砖作为卧室主体用砖。在铺贴方法的选择上，选用了菱形斜面的拼贴方式，并配以圆角花砖来进行装饰拼贴设计，同时配合米花色的墙面和驼色的雪尼尔地垫，烘托出床铺的白净和柔软。在灯具选用上，选择具有复古气息的铁艺灯具，共同营造出温馨浪漫的地中海风情卧室装饰效果。

在图 6-7 所示的住宅卧室设计中，设计师以高明度的色调为卧室的主装饰基调。地面铺设上选用了 600mm × 600mm 的浅色系的仿古砖，布艺装饰中选用了白色和其他高明度的暖色布料，共同营造出通透洁净的卧室空间并烘托出地中海阳光和海风的地域风情。值得注意的是,采用浅色系的仿古砖时,要注重色彩的整体平衡搭配。整体空间内需要有一到两件色泽艳丽或者深沉稳重家具放置其中，整体室内色彩的搭配才能达到协调的装饰效果。

图 6-6　地中海风格卧室 1

图 6-7　地中海风格卧室 2

在图 6-8 所示的住宅卧室设计中，与图 6-7 所示的整体空间为高明度色调相反，卧室的主基调选用低明度、沉稳的色调作为主基调。设计师选用了 600mm × 600mm 的地砖做一分四处理，深褐色木纹砖配合原木家具，墙面选用浅绿色美式绣花墙纸作为搭配，营造出混厚、质朴的田园风情装饰效果。在软装布艺选用上，原木床架配合浅色柔软的成套布艺，与深色木纹瓷砖地面相配合，呈现出自然而又温馨的卧室空间。值得注意的是，塑造美式田园风格卧室时，如果家具上选用原木家具，最好避免同时选用冷色调的抛光瓷砖，而是选用木纹砖作为地面铺贴用砖。这样在田园风格的形式上形成肌理统一，表现出田园风情的清婉韵味。

图 6-8　美式田园风格卧室

图 6-9　欧式风格卧室

欧式古典风格在住宅设计中也很常用。图 6-9 所示的住宅卧室设计，就是以白色为主基调的欧式古典风格的卧室装饰。为了表现出欧式风格庄重大气的设计效果，设计师采用了 800mm × 800mm 的仿玉质全抛釉面砖作为铺贴主体瓷砖，该类瓷砖有着精致细腻的仿玉石纹路，配合欧式家具和多层吊顶，烘托出欧式风格的典雅与大气，表现出居住者平和而富有内涵的气韵。在其他装饰的选择上，可选用水晶吊灯和小巧精致的装饰物，烘托出该住宅装饰高雅、浑厚的文化底蕴。值得注意的是，在瓷砖的选用上，欧式风格装饰中不宜选用仿古砖进行地面铺贴，仿古砖的砖面色泽不够透亮，釉面不够精致细腻，会弱化欧式风格中精致大气的风格效果。

现代简约风格是现代住宅设计中使用最多的装饰风格。图 6-10 所示的住宅卧室设计，就是具有代表性的现代简约风格卧室设计。该卧室的整体色调以白色和米色为主，因此在瓷砖材料的选择上，设计师选用了 600mm × 600mm 的米色釉面全抛光瓷砖。透亮的全抛光瓷砖配合米色的墙面和低矮的柚木大床，营造了简约中带有温暖的卧室空间。在饰物搭配选择方面，在床边添加白色小盆栽与照片框，表现出现代简约风格的纯净与亲和力。要注意的是，为了表现出现代简约风格的简洁与质朴，在铺地瓷砖肌理的选择上，不宜选用过于精致繁复的釉面肌理，而是选择纯色的釉面瓷砖；在瓷砖铺贴方式的选择上，倾向于采用方格形的拼贴方式，表现出现代简约风格简洁、清晰、明了的装饰特点。

图 6-10　现代简约风格卧室

在图 6-11 所示的住宅卧室设计中，卧室的整体色调是以白色和咖啡色为主，唯一鲜亮的色彩是咖啡色的拼贴墙面，其余的家具颜色都以高级灰为主。墙面上的油画抽象而别致，床铺上纺织品的柔和而优雅。因此，设计师选用了 800mm × 800mm 一分二裁切的灰白色哑光釉面瓷砖作为卧室的铺地瓷砖。灰白色哑光釉面瓷砖使整体空间中显得明亮而又低调，同时不会像白色釉面瓷砖那样过于亮白，它衬托出床铺与油画的设计亮点，并与白墙和咖啡色墙面相配合，表现出现代简约风格简洁、大方的装饰特点。

图 6-11　北欧式现代简约风格卧室

现代中式装饰风格室内设计很符合中年人群的审美需求，该风格稳重大气，包含中国古典文化韵味。在图 6-12 所示的住宅卧室设计，就是新中式装饰风格的典型代表。该卧室设计中为了设计出温馨而柔美的室内氛围，设计师选用了 600mm × 600mm 的肉色仿玉质釉面砖作为卧室的瓷砖铺地；仿玉质釉面砖纹理细腻而润亮，配合墙面上中式书画、深褐色的家具与顶上中式仿羊皮灯，表现出新中式风格含蓄优雅的特点，营造出质朴而优雅的室内装饰效果。在家具搭配上，并没有选用传统的中式家具，而是选用经过改良的简约中式家具，多种装饰共同作用，才能够表现出新中式风格的装饰特征。

图 6-12 新中式风格卧室 1

在图 6-13 所示的住宅卧室设计中，为了表现新中式风格中的素雅和简朴，设计者选用了 600mm × 600mm 的灰色哑光釉面砖。在铺贴方式上，选取工字形交错拼贴的方式进行地面铺装。为了让墙面不显得过于单调，在墙面装饰上选用 600mm × 600mm 的同材质釉面砖铺贴墙裙作为装饰。瓷砖铺贴与柚木家具和紫檀木衣柜门相互呼应，营造出简洁温馨、朴实素雅的新中式风格效果。

图 6-13 新中式风格卧室 2

思考题

（1）卧室和客厅在瓷砖选用上有哪些不同？谈谈你的看法。

（2）不同年龄段对卧室的室内设计有不同的侧重需求，对卧室瓷砖样式的选择也会不同，请分析儿童、老人相比青壮年更倾向于选取哪种类型的瓷砖进行铺地设计。

第三节 建筑陶瓷在厨房中的运用

厨房是室内空间中供居住者进行炊事活动的空间。作为住宅中较为特殊的活动空间，厨房的装修风格能体现住宅主人的社会地位和生活情趣。厨房是日常起居的重要空间，优秀厨房设计能增添住宅主人烹饪时的乐趣，而在厨房的设计中，瓷砖起到了重要作用。

在厨房地砖图案和材质的选取上，要根据室内设计风格和厨房空间的特质进行选取。一般来说，厨房空间较小不宜使用深色地砖铺装。首先是深色使空间没有延伸感，在视觉上使空间变得狭小；其次是深色地砖掉落灰尘和沾染水渍十分明显，不易打理；最后是厨房经常接触水源，要避免地板打滑，所以在设计中设计师尽量避免选用抛光砖之类易打滑的材料，而常常要选用防滑砖、仿古地砖等瓷砖用于设计和铺装。室内设计师不应为了追求室内地材的统一，而在厨房使用花岗岩与大理石等天然石材地砖，这种地砖虽然坚固耐用，但没有防水性能，并且颗粒大。

厨房在墙面瓷砖的选择上，应选用易清洁、不易沾油污、耐火抗热的墙面材料，如釉面砖、瓷片等。厨房瓷砖铺装可按个人喜好选择花砖拼贴或瓷砖斜拼等铺装方式增添厨房美感。

在厨房地面瓷砖尺寸的选择上，开放式大面积厨房地面选用 600mm × 600mm 或 800mm × 800mm 的瓷砖进行铺装；小面积封闭式厨房地面可选用 300mm × 300mm 的瓷砖进行铺装；厨房的墙面可选用 100mm × 100mm、300mm × 450mm 的墙面瓷砖或 300mm × 600mm 的墙面瓷砖进行铺装。

厨房作为住宅中的主要生活辅助空间，其装饰风格和形式也是多种多样的。图 6-14 所示的地中海风格的厨房设计，厨房整体采用蓝色为主基调。设计师别出心裁选用了 100mm × 100mm 规格的釉面砖用作墙面铺装，选用 300mm × 150mm 和 300mm × 300mm 的仿古砖进行拼接形成韵律感，蓝色系墙面瓷砖和灰色地面瓷砖及浅色欧式橱柜搭配使整个空间的视觉效果变得既整洁又活泼，灶台边又佐以繁杂的地中海风格花纹图案点缀使视觉产生强烈对比，使墙砖颜色更加明亮，更加突出了地中海风格的特点。

在厨房墙面瓷砖的铺装中需要注意，小面积的瓷砖可以拥有更多的颜色搭配和铺贴方式以供选择。一般来说，厨房的面积不会太大，而小面积瓷砖更适合在小型

图 6-14　地中海风格厨房

空间内使用；厨房墙壁通常会安装橱柜，橱柜后的墙面应当铺贴瓷砖，以免厨房内潮气透过墙壁腐蚀橱柜。

欧式风格厨房一般是简约式欧式风格，厨房的装修要求带有一些欧式装修的符号即可，设计师可以利用颜色、细节烘托欧式风格的气氛。在图 6-15 所示的住宅厨房设计中，该厨房选用了仿古地砖，既耐磨防滑又简约美观。厨房光照充足，因此

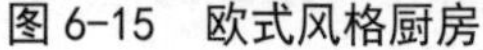

图 6-15　欧式风格厨房

墙面铺贴选用两种小尺寸的暖色调哑光釉面砖搭配，营造出温暖、整洁的氛围；橱柜一面墙选用 300mm × 300mm 的仿古瓷砖斜拼的铺贴方法，使整个厨房空间的视觉效果产生了韵律感，把方方正正的厨具陈设与瓷砖铺装变得灵动起来，搭配淡色橱柜显得既和谐又大方，表现了欧式风格的内涵优雅。

厨房中装饰性家具较少，相比客厅与卧室较难突出设计风格，因此用瓷砖来表现风格在瓷砖材质的选取和拼接方式的选用就显得尤为重要。

在图 6-16 所示的住宅厨房设计中，整体的暖色调淡雅又朴素。灶台墙上采用小面积砖斜拼并以花砖点缀其中，搭配淡暖色橱柜营造出温馨、自然的氛围。设计师匠心独具，用两条马赛克作为第三种瓷砖搭配性使用在墙壁腰线位置，使整个空间出现了层次感，这些室内设计的细节体现了设计师对瓷砖的使用熟练以及独到的审美眼光。

图 6-16　美式田园风格厨房

现代简约风格是最常见的厨房装修风格。在图 6-17 所示的住宅厨房设计中，设计师地面铺贴选用了 300mm × 300mm 的米黄色釉面砖，而墙面选用 300mm × 300mm 的白色全抛釉面砖进行铺装，配上配套的乳白色橱柜营造了一种明亮简洁的氛围，表现出现代风格的干净、简约的美感。在厨房中使用浅色系的瓷砖，可以在厨房空间中营造出整洁干净的效果，因此现代简约风格厨房经常以浅色系全抛釉面砖作为主要的瓷砖选择。

图 6-17　现代简约风格厨房 1

在图 6-18 所示的住宅厨房设计中，同样是现代简约风格厨房，在此设计师在地面铺装上选用了带有石质纹理的 300mm × 300mm 的釉面砖，在墙面选用了 300mm × 300mm 的米黄色全抛釉面砖，墙面配以黑灰色的抛光砖作为腰线。墙面使用米黄色（暖色系）瓷砖会削弱橱柜金属带来的冰冷的感觉，使得厨房具有温馨感。设计师在腰线的铺贴上选用黑灰色抛光砖，达到橱柜和墙面之间颜色进行过渡的目的，从而使厨房整体色彩统一。

图 6-18　现代简约风格厨房 2

为了设计出整洁干净的厨房效果，在图 6-19 所示的住宅厨房设计中，设计师墙面铺贴选用了 600mm × 600mm 的白色全抛釉面砖，而地面铺贴采用了仿石质纹理 600mm × 600mm 的釉面砖。在此设计师在图案和铺装都选择极简的形式，来表现现代简约风格，从而达到了高效、简单、实用的装饰效果。

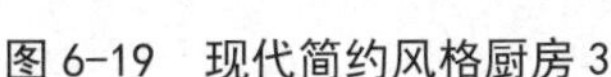
图 6-19　现代简约风格厨房 3

思考题

（1）选用厨房的铺装建筑瓷砖时应该避免选用哪类瓷砖？为什么？

（2）请举例说明，在厨房空间中，如何利用墙砖进行室内的立面装饰设计。

第四节　建筑陶瓷在卫生间中的运用

卫生间就是拥有如厕、洗手、沐浴等功能设施的场所。室内住宅中的卫生间一般有专用卫生间和公用卫生间之分：专用卫生间只服务于主卧室；公用卫生间与公共走道或客厅相连接，由家庭成员和客人公用。

卫生间根据布局可分为独立型、廉用性和折中型三种。独立型指的是浴室、厕所、洗脸间等各自独立的卫生间，其优点是各室可以同时使用，特别是在高峰期可以减少互相干扰；各室功能明确，使用起来方便、舒适。缺点是空间面积占用多，建造成本高。兼用型是指把浴盆、洗脸池、便器等洁具集中在一个空间中，是利于布局和节省空间的做法，缺点是当一个人占用卫生间时，影响他人使用卫生间的其他设备。因此，廉用型卫生间不适合人口多的家庭。不仅如此，兼用型卫生间也不适合放置洗衣机，因为沐浴等用水产生的湿气会影响洗衣机的寿命。折中型是指卫生间里的基本设备，有部分独立、部分放到一处的情况。折中型的优点是相对节省一些空间，组合比较自由，缺点是部分卫生设施设置于一室时，仍有互相干扰的现象，使用起来显得拘谨、不方便。

在卫生间的铺装设计中，因为卫生间占用住宅空间较小，面积也相对较小。因此，在卫生间的空间装饰中，墙面铺装是相当重要的。卫生间是个需要经常打扫以保持清洁的场所，但与厨房相比，卫生间的墙面不会产生太难清理的污渍。因此，卫生间的墙面优先选择哑光砖。同时，因为卫生间的湿气较大，卫生间的地面瓷砖要具有良好的防滑效果。一般哑光面或浅凹凸机理的防滑地砖比较合适浴后湿滑的地面，设计师在卫生间地面铺装应避免使用抛光釉面砖等光滑瓷砖。

卫生间常见地面瓷砖尺寸为 300mm × 300mm 或 600mm × 600mm，墙面瓷砖使用尺寸为 300mm × 300mm 或 400mm × 600mm。瓷砖规格的选用依据卫生间的面积大小决定。

卫生间的瓷砖材质选择，决定了整体空间的视觉效果与风格。例如，选用马赛克瓷砖来铺设卫生间墙面会给人强烈的视觉感和现代感；选用白色哑光的釉面砖，会使人感觉卫生间整洁明亮，可以弥补空间采光的不足；选用镂空玻璃砖铺贴墙面，会形成半透明间隔，从而增加浴室情趣；选用瓷砖的不同搭配方式，让卫生间空间产生不同的美感。

1. 地中海风格

在图 6-20 所示的住宅卫生间设计中，设计者为了表现出地中海风格明亮的海边风情格调，选用了 300mm × 300mm 的蓝灰色仿石纹、仿古砖的瓷砖和米白色仿古砖进行铺地设计。墙面选择 300mm × 300mm 的蓝灰色仿古砖、米白色仿古砖和少量的花砖进行铺装。为了获得更好的室内装饰效果，设计师地面铺装选用白色与蓝灰色系的瓷砖进行搭配；在墙面铺装上选择了蓝色的仿古瓷砖和米白色的瓷砖作为搭配，从而区分不同墙面，使得卫生间的空间视觉变化更多。米白色的墙面上设计了使用蓝灰色瓷砖框出的镜子，搭配墙面上少许的白色带有印花釉面砖，营造了一种舒适且具有特色的地中海风格。与此同时，地中海风格室内空间通常选用蓝白色调作为整体空间色调，并在瓷砖图案的选择上不做过多图案变化。在地面铺装选择上，使用两种或三种瓷砖做斜向拼花处理，更加能够突出地中海风情装饰效果。

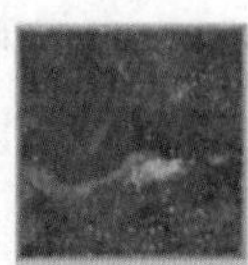

图 6-20　地中海风格卫生间 1

在图 6-21 所示的住宅卫生间设计中，同样是地中海风格的卫生间室内设计，设计者为了表现出卫生间明亮清新的海边风情格调，墙面选用了 150mm × 150mm 的浅灰蓝色仿石纹、仿古砖的瓷砖和 300mm × 300mm 的白色哑光砖墙面瓷砖做搭配，根据铺贴方法不同进行不同的墙面分割。而地面选用 300mm × 300mm 的浅蓝灰色系的釉面砖，浅色系的瓷砖具有较为良好的光折射效果。光线通过浅色瓷砖的折射增强了室内的整体亮度，达到了使卫生间明亮干净的室内环境效果。在洗漱台墙面

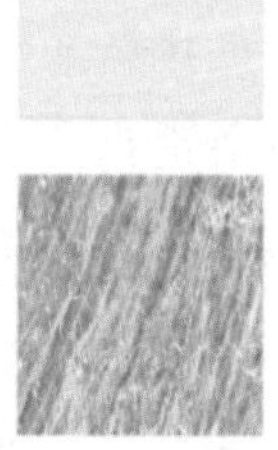

图 6-21　地中海风格卫生间 2

上设计者别出心裁采用了马赛克瓷砖墙面，使简单的洗漱台具有独特性装饰性。在此要特别指出，营造地中海风情的卫生间在瓷砖选用上不宜使用抛光砖、全抛釉地面砖，因为抛光砖、全抛釉地面砖反光过强且不具备防滑效果。卫生间应当营造一种舒适放松的氛围，因此卫生间选用具有哑光面瓷砖或浅凹凸肌理的防滑地砖会获得更好的效果。

图 6-22　欧式风格卫生间

2. 欧式风格

欧式风格具有稳重、大气、华丽的特点，因为卫生间空间较小，难以用家具来表现欧式风格，所以通常通过瓷砖颜色材质和铺装来营造欧式风格。在图 6-22 所示的住宅卫生间设计中，设计者对地面大胆地选用了 300mm × 300mm 的熟褐色的仿古砖作为铺装材料，而墙面同样采用了 100mm × 300mm 的熟褐色釉面砖进行斜铺。卫生空间搭配华丽的欧式镜子与精美的欧式家具，营造了欧式风格大气、典雅的氛围。在此强调，选用暖色系的釉面砖或仿古砖更容易营造优雅大气的欧式风格。在卫生间中选用暖色系的瓷砖容易营造出舒适温暖的氛围，让使用者在使用时感受到舒适轻松的气氛，从而更好地放松身心。

3. 美式田园风格

在图 6-23 所示的住宅卫生间设计中，卫生间风格呈现的是以米白色为主基调的美式田园风格。为了表现美式田园自然、悠闲舒适的设计效果，设计师在地面铺装上采用了 300mm × 300mm 的米白色哑光砖，墙面铺装具有田园风情图案印花的瓷砖。这样的铺装设计烘托出美式田园风情宁静自然的氛围，表现出居住者悠闲而富有情调的态度。在此基础之上，选用与美式田园风格相统一的家具，使美式田园风情更加具有自然悠闲的气息。

图 6-23　美式田园风格卫生间 1

在图 6-24 所示的住宅卫生间设计中，设计师并没有选用美式田园风格常见的暖黄色作为主整体基调，而是大胆地选用草绿色作为空间的主色调。设计师别出心裁把墙面分为上下两部分，并使用了花片作为腰线，上部分配以 300mm × 300mm 的浅黄色釉面砖；下部分选用了 300mm × 300mm 的草绿色的仿古瓷砖，并采用斜角铺装方式。在同一个墙面上出现了两种瓷砖，并且铺贴方式也有所不同，使该卫生间显得别致，从而营造出美式田园风格悠闲且具有情调的气氛。

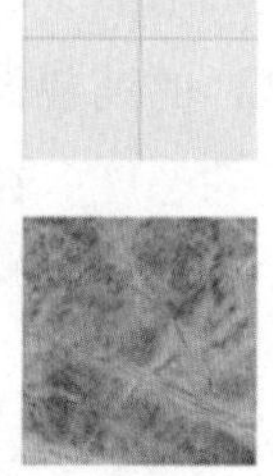

图 6-24　美式田园风格卫生间 2

4. 后现代主义风格

卫生间里瓷砖材质的选择，在很大程度上决定了整体空间的视觉效果和风格。使用马赛克装饰卫生间，会在空间视觉上产生现代动感华丽的效果。马赛克瓷砖耐脏、防水并方便清洁。对于现代追求个性的卫生间来说，马赛克成为了卫生间装饰的主流。

后现代主义装饰风格的室内设计要求整体住宅的室内设计形式感强烈。在图 6-25 所示的设计中，设计者墙面铺装上选用了 300mm × 300mm 的马赛克瓷砖。马赛克在日光灯进行照射，其表面就会产生一种温馨、晶莹剔透的感觉，与金属框架的沐浴间形成了强烈的对比，营造了后现代主义的形式感，具有强烈的视觉冲击力。

图 6-25 后现代主义风格卫生间

5. 现代简约风格

现代简约风格设计要求简约大方，因此卫生间使用现代简约风格最为常见。在图 6-26 所示的设计中，设计师使用了 600mm × 600mm 一分四裁切木纹瓷砖进行铺装。墙面使用了 300mm × 300mm 仿大理石抛光砖。在卫生间通过使用两种图案与材质不同的瓷砖对比，表现出现代主义的简洁大方的美感。

图 6-26 现代简约风格卫生间 1

在图 6-27 所示的住宅卫生间设计中，设计师在墙面选用了白色 600mm × 600mm 的釉面砖，而地面铺装选用 300mm × 300mm 的灰黑色仿石质的釉面砖。利用简单的黑白颜色对比给人一种简洁、利落的美感。在灯光上选用了黄色的光线，从而柔和了黑白对比带来的冲击感，使得空间氛围舒适放松。同时设计师在白色墙面上适当地铺贴印有花纹的白色瓷砖，避免了在视觉上墙面过于单一的弊病。

图 6-27　现代简约风格卫生间 2

在图 6-28 所示的住宅卫生间设计中，设计师选用了 300mm×300mm 规格的浅咖啡色釉面瓷砖作为浴室墙面和地面的铺贴瓷砖。釉面瓷砖与卫浴用品的材料颜色分别为浅咖啡色和白色，这两种颜色同处在高明度色系中，在顶部灯光的照射下，高明度的色彩组合营造出柔和、淡雅的空间氛围。在高明度的色调环境中，要注重色彩整体平衡搭配。因此，设计师放置了浅绿色的小盆栽植物

图 6-28　现代简约风格卫生间 3

和深绿色的装饰玻璃瓶点缀在卫生间的洗漱台中，避免了因采用高明度设计色调而表现出单调乏味的视觉效果问题，并与其他设计元素共同营造出舒适自然的室内环境效果。

思考题

（1）相比于其他住宅空间，为什么卫生间更倾向于使用马赛克瓷砖进行装饰设计?

（2）在选择卫生间的铺地瓷砖中，需要考虑哪些因素? 应当选用什么类型、什么尺寸范围的瓷砖进行地面设计?

第五节　建筑陶瓷在阳台与露台中的运用

阳台是建筑物室内空间的延伸，是呼吸新鲜空气、晾晒衣物、摆放盆栽的场所。因此，阳台设计需要遵行兼顾实用与美观的原则。阳台分为凸阳台、凹阳台和半凸半凹式阳台三类。从建筑外立面和阳台的外形来看，最常见的形式是凸阳台，也就是以向外伸出的悬挑板、悬挑梁板作为阳台的地面；由各式各样的围板、围栏组成一个半室外空间，其空间比较独立，能够灵活布局。凹阳台是指占用住宅套内面积的半开敞式建筑空间。与凸阳台相比，凹阳台无论从建筑结构本身还是人的视觉上都更为牢固可靠，安全系数较大。半凸半凹式阳台是指阳台的一部分悬在外面，另一部分占用室内空间，它集凸、凹两类阳台的优点于一身，阳台的进深与宽度都达到了足够的量，使用与布局更加灵活自如，空间显得有所变化。

露台是指住宅中的屋顶平台或由于建筑结构需求或改善室内外空间产生的室外空间。露台面积一般较大，且不具有永久性顶盖。

阳台与露台上铺砖可以起到保护墙面、地面，免遭溅水的作用。在地面和墙面部分的瓷砖铺贴可以有效地保护墙壁、地面，不会因为潮湿、开裂而产生渗水问题。因此，如何选用瓷砖尤其重要。通常设计师根据阳台的用途来选择不同瓷砖：阳台主要是用来晾晒衣服时，选用具有防滑、耐磨的瓷砖；阳台作为休息、休闲的场所时，选用其相连房间同样颜色的瓷砖；阳台作为摆放盆栽的场所时，宜选择哑光砖；与厨房相连的阳台则需要注意墙面瓷砖的选用，因为厨房的油烟很容易污染墙面，所以墙面铺装时，宜选用方便清洁的瓷砖。

阳台常见地面瓷砖尺寸为 300mm × 300mm 或 600mm × 600mm，墙面瓷砖使用尺寸为 300mm × 300mm 或 400mm × 600mm。瓷砖的选用依据阳台面积的大小决定。

阳台与露台作为室内空间的延伸，要注意和室内空间风格进行统一。在图 6-29 所示的住宅露台中，因住宅室内空间设计采用美式田园风格，因此设计者地面铺装选用了 300mm × 300mm 的棕红色仿古砖和 200mm × 200mm 的褐色仿古砖进行斜角铺装，达到统一的效果。铺装瓷砖的时候，用不同的瓷砖肌理对地面进行隐性分割，形成了不同的区域，给露台更好的空间功能划分。露台墙体采用了 300mm × 300mm 的棕色抛光釉面砖，营造出美式田园风复古、优雅的氛围。墙面上配上精美的欧式复古阳台灯，让人感受到浓郁的田园风情。

图 6-29 美式田园风格露台

封闭阳台是指阳台装有窗户，加以封闭，并对室外环境进行隔离的阳台空间。阳台封闭后，有利于阻挡风沙、灰尘、雨水、噪声的侵袭，可以使相邻居室更加干净、安静；同时也可以起到保暖、扩大居室使用面积的作用。阳台封闭后既可以作为读书写字、健身锻炼、储存物品的空间，也可作为居住的空间，起到增加住宅使用面积的作用。

但是封闭阳台在一定程度上会影响采光，阳光难以直接照射房间。窗户关闭后，也不利于空气流通。阳台封闭后阻挡了空气对流，夏季室内热量不易散发，造成闷热；冬季室内空气不易流通，加之生活废气，同时使居室与外界隔离，会给人体健康带来不利影响。阳台顾名思义是乘凉、晒太阳的地方，封闭之后人就缺少了一个直接享受阳光、呼吸新鲜空气、望远、纳凉乃至种花养草的平台；也给家庭晾衣晒被带来不便。

因此，阳台封闭与不封闭各有利弊。在图 6-30 所示的住宅阳台设计中，面对封闭阳台，设计师考虑到了封闭阳台光线不足的问题。在阳台地面铺设材料上，选用了 300mm × 300mm 浅色的灰色哑光砖作为铺贴瓷砖。阳光通过浅色系的瓷砖折射增强了室内的整体亮度，配合上简洁的白色家具，营造了现代简约风格的简约、明亮、简单的效果。

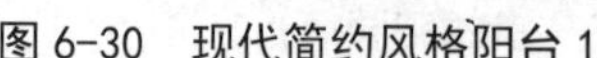

图 6-30　现代简约风格阳台 1

在图 6-31 所示的住宅阳台设计中，设计师选用了 300mm × 600mm 米黄色的抛光砖作为地面铺贴主体用砖，并使用黑色仿大理石质地的抛光砖作为边框装饰。在此阳台瓷砖选用上，采用墙面颜色相近的米黄色并配以黑色瓷砖作波打线，达到与建筑本身和谐统一的装饰效果。

图 6-31　现代简约风格阳台 2

在图 6-32 所示的住宅阳台设计中，同样采用了封闭阳台，设计师大胆地选用了 300mm × 300mm 的深灰色仿古砖进行地面铺装设计。为了让封闭式阳台在视觉效果上显得开阔和光亮，设计师在阳台的外立面装上了落地玻璃，并在顶面做了天窗处理。天窗的棕色装饰线条，黑色落地窗框和地面铺设的深灰色仿古砖，这几种深色的装饰物件削弱了进入大开窗式的封闭阳台的光照强度，从而柔和了室内光线，并让整体空间营造出一种宁静、优雅的气氛。在装饰品的选用上，添加了棕色的百叶窗帘、绿植盆栽和中式藤编织家具等室内装饰物与地面瓷砖达到和谐统一的装饰效果，让整体空间形成儒雅、大气的新中式室内空间。

图 6-32　新中式风格阳台

在图 6-33 所示的住宅露台设计中，露台为了和室内风格统一，设计师选用了300mm × 300mm 规格的深蓝仿古砖加以花片进行斜角间隔铺装，营造了一种闲适、优雅、浓郁的地中海风情。地面铺地与白色的围栏和具有地中海风情的家具相结合，营造了一种悠闲、自由、舒适的地中海氛围。

在图 6-34 所示的住宅露台设计中，设计师对地面铺装选用了 300mm × 300mm 的米黄色仿古砖，配以木质和藤编织家具和棕色的围栏营造一种悠闲的地中海风格。作为大面积露台空间，在地面铺装材料的选用上做到与建筑半室内灰空间统一，这样一来，能让开敞露台与半室内灰空间达到空间融合的装饰效果。在具体瓷砖的选用上，米黄色（暖色系）仿古砖能更好地营造复古、悠闲的氛围，与白墙和棕色木架共同形成了别具特色的地中海风情的装饰效果。

图 6-33　地中海风格阳台

图 6-34　地中海风格露台

思考题

（1）请分析开放式阳台、封闭式阳台和露台的异同点。

（2）阳台与露台中选用的瓷砖有怎样的需求？两者之间需求有什么差异？请举例说明。

第七章
建筑陶瓷与公共建筑室内设计

7

本章重点：针对不同类型、不同风格的公共建筑室内空间，选择尺寸规格合适、肌理材质相配的瓷砖进行设计。了解不同类型的瓷砖与周围环境的搭配组合设计。

本章难点：建筑陶瓷与公共建筑室内设计需满足大众的审美需求。

酒店大堂空间、办公空间、餐饮空间等统称为公共建筑室内空间。公共建筑室内设计，是具有公共性质和社会性质的室内设计。在保证公共空间的科学性、合理性与综合管理性等公共性质的前提下，通过设计师的室内规划设计，满足了使用者对公共空间的使用和审美要求。与住宅室内设计相比，公共建筑室内设计更要满足建筑空间的序列性、流通性与实用性的需求。

公共建筑室内设计的设计师和承建方最好是由具有建筑装饰装修专业承包资质，或者是专业从事公共建筑室内空间设计的室内设计公司负责。承包方要以客户公司背景和要求为前提，合理规划布局进行设计，最终通过设计表达出公司客户的最终需求，并以此作为媒介为客户带来经济效益。

在公共建筑室内设计中，建筑陶瓷在耐磨性和易清洁性方面具有明显的优势。因此，建筑陶瓷在公共建筑室内设计上起到尤为重要的作用。在不同类型和不同风格的公共室内空间内，选择不同尺寸规格、肌理、材质的瓷砖进行设计，会产生不同的设计效果。

第一节　建筑陶瓷在商业空间中的运用

商业空间是交易和消费的场所，从广义上可以把商业空间定义为：所有与商业活动有关的活动空间；从狭义上则可以把商业空间理解为：在社会性商业活动中满足交易者所需要的交换空间，包括商场、步行街、写字楼、宾馆、餐饮店、美容美发店等，都是能够交换等价物或使用金钱进行买卖消费的商业空间。由此可见，商业空间存在着实现商品交换、满足消费者消费需求、实现商品流通的空间环境的现实意义。

商业空间的环境设计，不只是单纯地设计出提供人们在商业空间内活动消费的场所，更是要设计出让人们感到亲切、放松、愉快等积极情绪的活动空间。因此，为了达到商业空间最理想的设计效果，设计师不但要做好商业空间规划布局的设计，还要细致地考虑商业空间内的各种设计元素的合理搭配。

在本章节内容中，侧重点为分析商场中的地面装饰设计要素。在商业空间的地面装饰设计中，瓷砖样式类型的选择，要符合商业空间的整体设计风格和功能分区的特点。以商场过道为例，在瓷砖的选择上，可以考虑选用仿大理石抛光瓷砖；仿大理石瓷砖肌理细致美观，抛光面层的折射光增强了走道空间的延伸感，满足了商场走道美观、整洁、大方的设计需求。

商业空间内瓷砖的尺寸规格中，常见的尺寸为 800mm × 800mm 或 1000mm × 1000mm。在瓷砖类型的选择上，一般选用抛光砖或全抛釉砖。与此同时，要依据商业空间内的设计风格选择合适的瓷砖肌理纹样。值得注意的是，商业空间内人流量大，地面磨损率高，需要后勤人员经常清洁维护。因此，在进行商业空间铺地设计时，要避免选用不耐磨和不耐脏的仿古砖与容易松动和脱落的小型拼花瓷砖。

商场，属于商业空间中的一种，其内部的商场过道，是为了满足顾客在商场各类卖场区域之间的穿行而设置的公共区域。商场过道除了具有引导和疏散商场内部人流的作用以外，还具有展示商场内部装饰风格的作用。在图 7-1 所示商场过道中，为了提升商场的格调品质，迎合高端消费群众，过道的整体装饰色调以黄色和棕色为主，并选择现代欧式风格作为主要的设计风格。设计师选用了 1000mm × 1000mm 的淡黄色、仿大理石全抛光瓷砖作为过道的主要铺设瓷砖，并选用棕色仿大理石抛光瓷砖作为过道边缘的装饰瓷砖。过道顶部条形灯光装饰在洁白的吊顶内错落有致地排列，其简约几何的排列设计烘托出地面仿大理石抛光砖纹样肌理的细腻和精美。此外，过道立面上方的装饰面排列层次分明，与地面边缘的仿大理石抛光砖釉面颜色相近，其凹凸的块面设计和过道边缘的平直仿大理石抛光砖面相搭配，并作为过道的细部装饰设计点缀在过道空间中，从而与地面铺设的淡黄色、仿大理石全抛光瓷砖相配合，共同营造出端庄、典雅的过道空间装饰效果。

图 7-1　现代欧式风格商场过道

在商场内部经营的店铺是提供给顾客进行购物消费的场所。店铺装饰风格种类多样，选用恰当的、能展示出店内商品特点的装饰风格，增加店内商品的外在吸引力，吸引喜好此类设计的顾客进入店内消费。在图 7-2 所示的女士服装店内，店铺整体以白色和灰棕色为主装饰色调，并选择现代工业风格作为店铺的主设计风格。这种室内设计风格，适合市面上大多数以青年为主要消费者的中小型休闲类服饰店与饰品店。简洁、时尚的设计风格可以降低店铺装修成本，以较少的装饰元素达到较理想的装饰效果。在瓷砖材料的选择上，设计师选用了 600mm × 600mm 的棕色哑光瓷砖和棕灰色仿水泥面仿古砖，低调而沉稳的棕灰色仿古瓷砖环绕着棕色哑光瓷砖，烘托出铁艺展示架上艳丽的衣服。此外，暗色的铺地瓷砖配上白色的墙面、吊顶与吊顶上白亮的射灯，拉开了空间的明度层次，营造出简洁而又时尚的商业空间。

在图 7-3 所示的婴幼儿服装店内，店铺整体以米白色为主装饰色调，并以森林、动物作为主要的设计元素。这种比较清新、自然的室内设计风格一般运用在与婴幼儿有关的店铺内，柔和、温暖的设计风格迎合了以年轻夫妇为主的消费人群。为了达到这种温馨、自然的设计效果，设计师选用了 800mm × 800mm 的乳白色全抛光瓷砖。润泽而光亮的乳白色全抛光瓷砖配合木质白漆面展示柜，烘托出纯木质展示架上柔软舒适的童装。在此基础上，透亮的乳白色地砖配上亮灰色墙面与墙柜上可爱的动物玩偶，营造出纯白而又温馨的空间氛围。

图 7-2　现代工业风格女士服装店

图 7-3　清新童趣风格婴幼儿服装店

在图 7-4 所示的大型服装店内，店铺整体以白色和冷灰色为主装饰色调，并以科幻、未来作为主要的室内设计元素。这种室内设计风格一般运用在运动服装店、电子通信店与电玩店等店铺内，创新、硬朗的设计风格吸引了以男青年为主的消费人群。因此，在瓷砖材料的选择上，设计师选用了 600mm × 600mm 的黑灰色仿大理石抛光瓷砖，冷冽而透亮的黑灰色仿大理石抛光瓷砖配合木质地板分割了不同的服装展示区，并烘托出黑色塑料模特身上亮白色的衣服。在灯具选用上，为了配合顶部深蓝色镜面空间和照亮底部仿大理石抛光瓷砖，因此选用了直管灯照明材料，以放射线排列设计悬挂灯管，营造出时尚、神秘、科幻的空间氛围，达到了以创新、科幻为主题的设计要求，并和店内的服装的风格达到了整体上的统一。

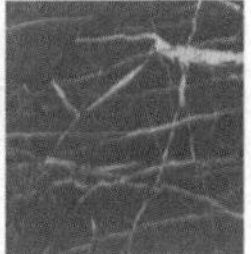

图 7-4 未来科幻风格服装店

在图 7-5 所示的男士西服店内，店铺采用欧式古典作为商业空间设计的主题。这种室内设计风格色调沉稳、复古，一般运用在高端西服店、欧式家具店内，为高端商务人士和消费阶级服务。为了营造出高贵、典雅的设计格调，设计师选用了 400mm × 400mm 的灰蓝色、浅绿色与浅灰色仿古砖，并以走道形和编篮形铺贴方法进行混合铺贴。精巧别致的铺贴设计与深褐色的欧式立柱产生形式上的对比，烘托出立柱的稳重和其繁复的柱顶装饰，并与顶上的拱形天花相呼应，衬托出天花的洁白和边线的优雅；颜色柔和的仿古砖与柔性的纺织品相配合，既能衬托前排衬衫的柔软和舒适，又能烘托出后排西服的沉稳和精美。由此可见，在营造高雅环境空间时，要避免选择颜色过于鲜艳和肌理过于复杂多变的瓷砖，过于鲜艳和复杂的瓷砖铺贴不能起到陪衬和烘托主体的装饰作用，甚至还会和整体环境效果相冲突。

图 7-5　欧式古典风格男士西服店

思考题

（1）商场过道的瓷砖主要以什么颜色为主？具体原因是什么？

（2）以某一店铺为例，结合此章节内所讲解的内容，分析其使用此类型瓷砖的设计依据。

第二节 建筑陶瓷在办公空间中的运用

办公空间既是提供工作办公的场所，也是处理特定事务或提供与公司相关服务的地方。为了满足公司管理人员与办公人员对办公空间的室内设计需求，办公空间的室内设计要做到以下几点：一是经济实用，一方面要满足办公人员对于实用的需求、给办公人员的工作带来方便；另一方面要在公司管理人员提供的资金预算内，把设计的支出的费用尽量降低、追求最佳的功能性价比。二是美观大方，能够充分满足办公人员的生理和心理需要，创造出一个良好的室内工作环境。三是独具品位，办公空间是公司文化的物质载体，需要体现公司物质文化和精神文化，反映公司的特色和形象，使其对置身其中的办公人员产生积极的、和谐的影响。

办公空间在场地划分形式上分为单间式办公空间、组合式办公空间和开放式办公空间。单间式办公空间，是在走道的一面或者两面布置办公房间，并沿房间的周边设置服务设施。这种办公空间优点是：室内环境安静、干扰小、同室人员易于建立较为密切的人际关系。

组合式办公空间适用于 20 人以下的中等办公空间。除服务用房作为公共使用外，组合式办公空间具有相对独立的办公功能。办公空间内部通常分隔为接待会客室、办公会议室等空间。由于组合式办公空间既充分利用了大楼的各项公共服务设施，又具有相对独立、分隔开的办公功能。因此，组合式办公空间成为了企业、单位出租办公用房的上佳选择。高层出租楼的内部空间设计与布局，有很大比例都采用组合式办公形式。

开放式办公空间是一种布置灵活、空间进深大的设计布局，也称大空间办公空间或开敞式办公空间。开放式布局有利于办公人员、办公组团之间的联系，提高了办公设施、设备的利用率，减少了公共交通面积和结构面积，从而提高了办公建筑的使用率。但是大型办公空间需处理好空间的隔音、降噪，对办公家具、隔断等设施与材料设备进行优化设计，以克服开放式办公空间容易出现的室内嘈杂、混乱、相互干扰的缺点。

因此，要依据办公空间样式类型，设计出不同风格的办公空间，设计的风格倾向和设计的方法也会不同。在当今社会，办公空间大多采用现代主义风格或后现代主义风格进行设计。在色彩的选择上，采用比较柔和的、令人放松的颜色作为主基调，常用高级灰进行空间内颜色的搭配。因此，在确定办公空间的设计风格与颜色搭配后，如何挑选出规格大小合适、肌理纹样与环境相符的瓷砖，是设计师在办公空间设计中尤为重要的任务。

现代简约风格的特征，是将室内设计中的装饰元素、色彩变化、照明方式和材料类别简化到最少的程度，以便塑造出最为清晰和简洁的装饰效果。而这种简洁、大方的装饰效果，非常适合运用在办公空间的室内装饰设计中。在图 7-6 所示的单间式办公空间设计中，办公空间的整体装饰色调以白色和米色为主，白色和米白色调可以让人在空间内感到放松和平静，可以缓解员工在办公时感受到的压力和减轻遇到难题时所感受到的烦躁感与挫败感。因此，设计师选用了 600mm × 600mm 的米白色哑光釉面砖，低调而透亮的哑光瓷砖配合清玻璃隔板和磨砂玻璃办公隔间，营造出明亮而简约、舒适的室内办公空间。值得注意的是，在单间式办公空间设计中，瓷砖颜色和肌理纹样的选择上，不宜选择有鲜亮色彩和过于复杂肌理的釉面瓷砖，要选择纯色、素雅的釉面瓷砖；纯色、素雅的釉面瓷砖可以辅助办公空间内烘托出冷静、平和的工作氛围。瓷砖铺贴方式的选择上，应采用规整的方格形拼贴方式，有利于呈现出清晰、简洁、严谨的办公氛围。

图 7-6　现代简约式办公空间 1

在图 7-7 所示的单间式办公空间设计中，办公空间的整体装饰色调以灰白色和暖灰色为主。灰白色和暖灰色色调的效果与白色和米色色调相似，而灰白色装饰色调，与米白色装饰色调相比，会更让人感受到办公空间严谨、冷静的工作氛围。因此，在瓷砖材料的选择上，设计师选用了 600mm × 600mm 的灰白色釉面抛光砖，洁净而透亮的抛光瓷砖配合淡灰色清玻璃吊顶与木纹材质为主的办公隔间，营造出明亮而通透、洁净的室内办公空间。并且，在瓷砖铺贴方式的选择上与图 7-6 相类似，也采用了方格形的拼贴方式，表现出严谨、冷静、大方的室内办公氛围。

图 7-7　现代简约式办公空间 2

传统中式装饰风格稳重大气，表现出中国古典文化韵味，可以将其中一种装饰设计风格运用在办公空间的装饰设计中。在图 7-8 所示的组合式办公空间室内设计中，将传统中式家具放在具有现代简约风格装饰效果的环境内，这种混合搭配的设计营造出独特的装饰设计效果。为了避免传统中式家具与室内整体装饰设计脱节，设计师选用了 400mm × 400mm 与 200mm × 200mm 规格的仿玉石哑光釉面砖，并以等分四边形的拼贴方式进行室内地面铺贴。四边形的拼贴方式精巧而别致，烘托出红木家居的稳重和大方，并与原木质地台的斜铺设计形成对比效果。温润的仿玉质瓷砖色彩肌理变化丰富，与洁净的米色的墙面相呼应。从整体而言，传统中式风格元素运用在现代简约风格中，既塑造出庄重典雅的中式风格设计效果，又营造出舒适、温馨的现代简约风格室内氛围。

图 7-8 混搭风格的办公空间

现代工业风格，是把近代工业元素结合到现代简约风格中，形成了一种新的装饰风格。而这种新的装饰风格，在办公空间的装饰设计中，会产生具有几何设计美感的装饰设计效果。在图 7-9 所示的开放式办公空间室内设计中，设计师为了设计出具有北欧简约风格的现代工业风格装饰效果的办公空间，在地面铺设上选用了 1000mm×1000mm 的黑灰色、哑光仿古砖，并将仿古砖以工字形的拼贴方式进行铺贴。低调而沉稳的黑灰色仿古砖与具有现代工业特点的混凝土墙和清玻璃的玻璃隔断墙相配合，表现出工业风格的粗犷、硬气的装饰特点和北欧简约风格的简洁、自然的装饰效果。在家具选用上，选择黑色的办公长桌和金属色的办公椅等现代简约风格家具，配合地面黑灰色仿古砖完美地营造出办公空间内严谨、清晰、明了的空间氛围。

在图 7-10 所示的开放式办公空间室内设计中，办公空间的整体装饰色调以黑色和灰色为主，并选择以现代工业风格作为办公空间设计的主要风格。暗灰色系的主装饰色调与工业元素相结合，可以提高员工办公时的注意力，有利于提高员工的工作效率。因此，在瓷砖材料的选择上，为了营造出暗色的主装饰基调，设计师选用了 600mm×600mm 规格的黑色、仿板岩仿古瓷砖，沉稳而低调的黑色仿古瓷砖配合顶上黑漆的梁柱营造出昏暗的环境空间，而办公桌旁的白墙与顶上的射灯，搭配上金属网格隔板和岩石材质方块展台，共同营造出简洁而又稳重的室内办公空间。在瓷砖铺贴方式的选择上，采用方格形的拼贴方式，与金属网格隔板和白色方块凹凸墙相呼应的同时，表现出办公空间简洁、严谨的办公氛围。

图 7-9　现代工业风格办公空间 1

图 7-10　现代工业风格办公空间 2

在图 7-11 所示的开放式办公空间室内设计中，办公空间的设计元素多样，运用的瓷砖样式众多，如图 7-9 和图 7-10 所呈现的办公空间就是以现代主义的工业风格作为办公空间的主要设计风格。在瓷砖材料样式的选择上，设计师分别选用了 600mm × 600mm 的暖灰色哑光仿古砖、150mm × 150mm 的水泥面彩色拼花砖和同规格的瓷质釉面拼花砖用于地面铺装。暖灰色哑光仿古砖作为办公室的过道瓷砖，配合灰黑金属网格骨架和圆形吸顶灯，营造了简洁而又严肃的整体办公室内氛围。为了打破严肃、紧张的空间氛围，缓解员工的工作压力，设计师在过道两侧分别铺上了水泥面彩色拼花砖与瓷质釉面拼花砖；其繁复的拼花设计，烘托出办公桌面的光亮和洁白。这两种不同的拼花瓷砖划分了不同类型的办公空间，活跃了整体的室内空间氛围。三种不同样式的瓷砖巧妙搭配，共同营造出整体结构严谨、细部轻快而放松的办公空间。

图 7-11　现代工业风格办公空间 3

思考题

（1）办公空间常采用材质肌理较为简单的瓷砖进行铺贴，其具体原因是什么？并谈谈你对此的看法。

（2）如何采用不同类型的瓷砖对不同的办公区域进行功能和空间的划分？请举例说明。

第三节 建筑陶瓷在餐饮空间中的运用

餐饮空间是食品经营行业通过即时加工制作、展示销售等手段，向消费者提供食品和服务的消费场所。在餐饮空间中，是接待就餐者零散用餐或宴请宾客的场所，包括饭庄、饭店、酒家、酒楼、旅游餐厅、快餐厅及自助餐厅等，都是餐饮空间。从为上班族提供午餐的廉价餐饮空间，到提供美酒佳肴的正式餐厅，各类型的、处于不同空间的餐饮空间应有尽有。而根据餐饮空间规模不同可分为特大型餐饮空间、大型餐饮空间、中型餐饮空间和小型餐饮空间。

在餐饮空间装修设计风格上，必须与餐饮空间经营的菜肴联系在一起，如以主营中式菜肴的餐饮空间，应该以中式装修风格为主；主营西餐的餐饮空间，以偏向欧式的众多风格为主；而既有中式菜肴，也有西式菜肴的餐饮空间，也应该在餐厅的装修设计风格中体现出来。由此才能直观而形象地表现出餐厅的特点，并方便顾客识别餐馆菜式类型。因此，餐饮空间里的瓷砖在样式的选择上，也要与餐饮空间整体的设计风格相符合，并共同营造出具有活力、舒适的用餐环境。

在各式各样的餐饮空间中，充满青春与活力的餐饮空间最能吸引喜爱清新自然追求时尚创新的青年顾客。在图 7-12 所示具有清新、亮丽风格的 Majadas Once’s Saúl Bistro 餐厅中，设计师以高明度的色调为餐饮空间的主装饰基调，并选用边长为 150mm 的三角形彩色瓷砖作为餐厅的铺地瓷砖，富有色彩变化的三角形以六边形拼花方式进行拼贴，颜色花俏靓丽的瓷砖与乳白色墙纸、墙砖做对比，一简一繁的视觉对比，展现出清新、欢快的餐饮氛围。此外，小巧橘色吊灯和桌面上菠萝装饰物对室内空间进行点缀，各种装饰元素共同塑造出带有热带风情的室内环境和欢快、活泼的用餐氛围。

在喧闹的城市环境中，具有怀旧和复古装饰的餐饮空间，吸引着不少需要在温馨的室内环境中放松心情或与好友闲聊用餐的顾客。在图 7-13 所示的具有复古、阳光风格的 Capanna 餐厅中，其售卖的餐品为披萨。披萨有金黄色、圆形、放射状等分切割的特点，而 Capanna 披萨餐厅就很好地体现出这几个元素特点。餐厅内部上层空间的黄色木板、底层的原木桌椅和米色石桌板，这几种色彩温暖、材质质朴的物件共同起着整体装饰的作用，暗示出披萨饼面色泽金黄的特点，同时塑造出以暖色为主的室内装饰空间。设计师在

图 7-12　清新亮丽风格餐厅

图 7-13　复古阳光风格餐厅

瓷砖材料的选择上，选用了300mm × 300mm的拼花瓷砖与150mm × 150mm的水泥面仿古瓷砖。向外放射图样的暖色拼花砖以斜铺的方式进行地面铺贴，其图案繁复的拼花瓷砖与朴素的水泥面仿古砖作对比，烘托出拼花瓷砖釉面的精巧和复古的同时还与披萨的造型特点相呼应。在灯具选用上，选择小巧别致的铁质吊灯，圆锥形的铁质吊灯与桌面上的圆碟和地面上的拼花瓷砖相映衬，共同营造出复古温馨的用餐氛围，同时增添了一股灵动的时尚气息。

简洁而大胆的北欧简约风格，大块面的切割设计吸引了不少食客的眼球。在图7-14所示的具有北欧简约风格的Guilhermina餐厅中，其售卖的餐品为烤肉。为了减轻顾客在食用烤肉时所带来的油腻感，设计师选用了白色和棕色作为餐厅的主装饰色调，这种淡雅、朴素的色调在减轻烤肉油腻感的同时，还能营造出简约、洁净的空间装饰效果。为了营造出洁净而大方的白色色调，设计师选用了800mm × 800mm的灰白色釉面瓷砖作为室内地面铺装材料。灰白色釉面瓷砖配合棕色的木质墙柜面，表现出北欧极简主义装饰风格。藤编铁艺椅子和洁白的墙面与地面灰白色瓷砖相搭配，共同营造出干净、素雅的用餐氛围。在摆件装饰上，选用富有时尚感的方形灯饰和墙上小巧的方形彩瓷拼贴画，简洁和朴素的室内环境增添了几何元素设计感。

图7-14　北欧简约风格餐厅

黑色与白色是经典的色彩搭配，是色彩中最清晰简洁的表达形式，最能体现出色彩的“简约主义”。设计师对于黑白色调的运用，是在细微中寻求丰富的色彩变化。他们凭借着对图形创意灵敏的感知，创造出千变万化的黑白组合。在接下来的几张图例中，都是采用不同尺寸规格的黑白瓷砖，对不同类型的餐饮空间进行拼贴设计。

在图 7-15 所示的具有现代工业风格的 Wildwood Kitchen 餐厅中，其售卖面包和一些常规的西式菜品。为了表现出面包的膨松和绵软的口感，设计师以冷硬的现代工业风格进行反衬性对比设计。在瓷砖材料的选择上，选用了 100mm × 100mm 的黑白色哑光瓷砖，并以阶段式铺贴方法进行铺贴，朴素的黑白哑光瓷砖配合铁艺货物展示架，以及顶上环绕的铁艺装饰框架，营造出具有工业气息的室内空间，并反衬出货架上面包色泽金黄、松软可口的特点。在家具的选用上，选择蓝灰色皮面的木质椅子，配合地面马赛克瓷砖拼花，共同塑造出朴实、雅致的室内装饰效果。在此基础上，选用具有旧时代工业气息的铁艺吊灯，又为这种朴实而雅致的室内环境增添了几分复古情怀。

图 7-15　现代工业风格餐厅

在图 7-16 所示的具有现代简约风格的 Carmnik Kantyna 餐厅中，其售卖的餐品为汉堡。为了表现出汉堡的特征，设计师以文雅、轻巧的现代简约风格进行设计。在瓷砖材料的选择上，选用了 100mm × 300mm 的黑灰色哑光瓷砖并以人字形铺贴方法进行铺贴。朴素低调的黑灰色瓷砖与木质墙板作对比，一亮一暗的明度对比拉开了底面和立面的色彩层次，并衬托出木质墙板上几何图形的肌理效果，而淡黄色柔和的木质墙板还衬托出汉堡面包片的金黄和松软的特点。

图 7-16 现代简约风格餐厅

在家具选用上，选择了黑色塑料椅和白色漆面椅、木质桌面和铁质桌子。这几种家具材料和颜色的巧妙搭配，营造出别致而又有趣的用餐空间。此外，选用翠绿色吊灯和绿植，又为室内环境增添一丝灵动、轻巧的艺术情调。

在图 7-17 所示的云南约旦路酒吧餐厅中，设计师运用了后现代主义设计风格，并以夸张的点、线、面的设计元素进行设计。在瓷砖材料的选择上，选用了 600mm × 300mm 的六边形黑白灰色哑光瓷砖。富有节奏感的黑灰色瓷砖作为空间中的点元素，从柱底到顶面的木质条形木板作为空间中的线元素，而棱角柔和的木质桌面与乳白色椅子作为空间中的面元素。空间中点、线、面元素共同营造出富有节奏的室内空间。具有透视效果的六边形瓷砖刺激着食客的视觉神经，从立柱底面流动到天花顶面的木制线条吸引着食客的视线，这种前卫的后现代主义设计塑造出夸张、时尚的室内空间，营造出活跃、热情的环境氛围，并吸引了追求动感和激情的青年顾客。

在图 7-18 所示的具有后现代主义风格的 Ask Italian 餐厅中，同样运用了后现代主义设计风格，并以夸张的点、线、面元素感进行设计。在瓷砖材料的选择上，设计师选用了 150mm × 150mm 规格的黑白图案亮面瓷砖。富有节奏与秩序感的黑白图案瓷砖作为空间中的点元素，木质横条形酒架作为空间中的线元素，

图 7-17　后现代主义风格餐厅 1

图 7-18　后现代主义风格餐厅 2

而柔和的木质墙面与木质桌椅面作为空间中面元素。密集而规整的点状图案刺激着食客视觉神经，让人忍不住把视觉焦点汇聚在此。吧台顶部的穿插排列木质酒架与规整排列的玻璃酒瓶的巧妙结合，仿佛就是一件精巧、细致的装置艺术品。点、线、面元素的整体配合，塑造出富有时尚感和韵律感的室内空间，也展现出几何图形设计的装饰效果和艺术美感。这种前卫、时尚的室内空间，同样吸引了追求时尚和激情的青年顾客。

思考题

（1）为什么餐饮空间内部的瓷砖尺寸、材料的选择、风格设计类型更为丰富多样?

（2）选取两个不同风格的餐厅，对比说明餐厅内部瓷砖与整体餐饮空间的设计风格之间的联系。

第四节 建筑陶瓷在酒店公共空间中的运用

狭义的室内公共空间是指那些供城市居民日常生活和社会活动，公共使用的内外空间。室内公共空间包括政府机关、学校、图书馆、商业场所、办公空间、餐饮娱乐场所、酒店民宿等。在本节中，主要讲述酒店内部公共空间的铺装设计，分别是瓷砖在星级酒店大堂、星级酒店过道以及商务酒店前厅等公共空间中的运用。

酒店是提供让客人短期的休息或睡眠的空间，属于商业空间的一种。一般说来，酒店除给客人提供住宿服务，还为客人提供餐饮、游戏、娱乐、购物、健身、举行宴会和会议等服务场所。酒店占地空间较大，服务人群众多，是一个客人类型跨度极大的空间场所。因此，酒店在选择和设计地面铺装材料时，要符合绝大多数客人的审美需要，提供具有一定的耐磨性、功能指向性的地面铺装设计。

酒店内部公共空间的铺装设计中，比较倾向于选择瓷砖进行地面铺装，选择使用瓷砖的理由主要有以下三个方面：首先，瓷砖表面效果丰富多彩，色彩品种可达上千种，可做各种拼花图案设计，也可加工出各种线条、边线等形式。其次，瓷砖具有极高的硬度、光洁度和耐磨度，其拼花图案基本不会因长时间的踩踏而发生变化，几乎永不褪色。最后，由于瓷砖是高温烧制、机器切割而成的，棱角分明、砖板平整、硬度高、不易受损、便于铺贴和日后维护清洁。而选择大理石、花岗岩等天然石材作为铺装材料时，有重量大、体量较厚、花色单一等缺点，并还易受湿度、温度的影响，产生色泽褪变、出现污光、渍印和变色等现象，从而不得不重新打磨抛光。由此可见，选取瓷砖作为酒店铺地材料往往会产生较好的设计效果和经济价值。

酒店常用瓷砖尺寸为 800mm × 800mm 或 1000mm × 1000mm，其特殊的拼花瓷砖尺寸大小要根据酒店的需求决定。尤其要注意的是，要根据酒店的装修风格，选择不同的瓷砖材料样式和肌理纹样进行设计。酒店常见的瓷砖铺地材料为抛光砖、全抛光砖和哑光釉面砖。

酒店大堂作为酒店的门面，是负责接待客人、为客人提供小型的休憩设施的空间场所，是每一位客人到达和离开酒店的必经之地。在酒店的分区布局中，酒店大堂位于酒店的中央区域，是客人进入酒店大门后第一眼看到的区域，也是客人对酒店印象感受最为直接、深刻的空间。酒店大堂的装修风格和档次很大程度决定了客人内心对酒店档次的定调。因此，酒店大堂的室内环境设计尤其重要，而酒店大堂中央的地面瓷砖拼花设计，是大堂装饰设计的重点之一。装饰效果良好的瓷砖拼花设计会配合大堂内部的装饰物件，提升整个大堂的装饰设计效果。

在图 7-19 所示的星级酒店大堂中，大堂的整体色调以暖色调为主。暖色调的设计，可以营造出温馨、温暖的环境氛围。设计师选取了欧式古典风格作为整个大堂的设计风格。为了把客人的视线集中在大堂的中央，设计师在大堂的中心位置设计了带有圆形放射图案的拼花瓷砖。放射状的图案设计让人们的视线聚拢，各色菱形的仿大理石瓷砖均匀排列在黄色仿大理石瓷砖划定的拼花图案的区域范围内。拼花瓷砖和圆桌、瓷瓶以及顶上的大型水晶灯让整个室内空间处于视觉焦点。而简约大方的拼花设计，配合其内部的欧式家具和大型盆栽植物，达到了空间风格的整体统一，共同营造出高贵、典雅的环境效果。

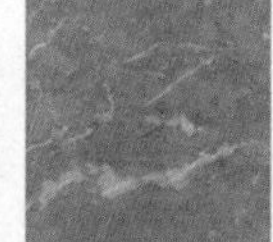

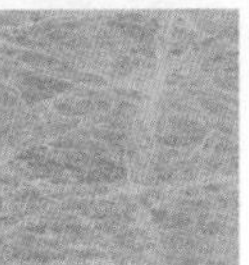

图 7-19　星级酒店大堂 1

在图 7-20 所示的星级酒店大堂中，大堂的室内色调整体偏亮，营造出洁净、梦幻的环境效果。与图 7-19 相似，设计师也选取了欧式古典风格作为整个大堂的设计风格。大堂地面铺设的瓷砖为 800mm × 800mm 规格

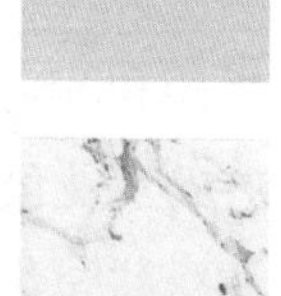

图 7-20　星级酒店大堂 2

的白色仿大理石抛光瓷砖，并以斜铺贴的方式进行铺贴。同样，为了把客人的视线聚集在大堂的中央，设计师在大堂的中心位置设计了圆形的拼花瓷砖。环状的圆图案设计可以让人们的视线聚集。拼花瓷砖外围图案由深色仿大理石砖围合组成，它包裹着米黄色仿大理石的瓷砖，同时划定了拼花图案的区域范围。圆形图案的设计与放射线形图案的设计相比，对人的视觉吸引较为温和，但同样能让拼花瓷砖和巨型水晶灯处于整个室内空间中的视觉主导地位。低调奢华的拼花设计迎合酒店大堂的欧式设计风格的需求，配合欧式立柱和大型盆栽植物，达到了空间内部风格整体上的统一，共同营造出奢华、大气的环境效果。一般而言，在酒店大堂的拼花设计中，拼花瓷砖的设计常选用白色或淡黄色抛光瓷砖作为拼花图案基底，并运用少量的黑色或花色仿大理石肌理的瓷砖作为拼花瓷砖内部的图案设计材料。

进入酒店之后，客人对酒店空间印象最为深刻的地方，一个是酒店大堂空间，另一个就是酒店过道空间。酒店过道设计会让客人联想到酒店客房内部的装饰风格，从而在内心进一步评估酒店装修格调的档次高低。

在酒店的功能分区上，酒店过道是满足不同室内分区之间的穿行需要而设置的特殊区域。它是联系酒店平面空间及立面空间的公共交通区域，是组织空间秩序的有效手段，并具有实用性与艺术性的双重意义。星级酒店的过道设计，包含了星级酒店内部多种不同类型功能的过道设计。在接下来的几张图例中，主要列举了星级酒店主过道、星级酒店环形过道、星级酒店电梯过道以及星级酒店客房过道内瓷砖的装饰运用。

在图 7-21 所示的星级酒店主过道中，过道空间整体色调以暖色调为主。设计师选取欧式古典风格作为整个大堂的设计风格。设计师在酒店大堂过道位置设计了方形的拼花瓷砖，方形拼花瓷砖内部图案做了斜拼式的阵列设计，使得本来规整单一的图案设计，产生出新的铺装效果。配合顶部的方形水晶灯，营造出带有方形几何图形美感的艺术空间。除此以外，重复排列的方形拼花设计让过道空间的视觉效果延伸至远处的大堂内部空间，使较低矮的过道空间看上去更大气、宽阔。

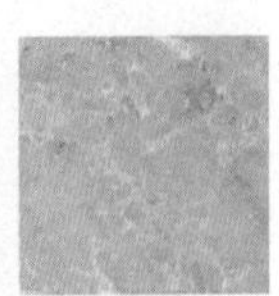

图 7-21　星级酒店主过道

在图 7-22 所示的星级酒店环形过道内，设计师选用了欧式古典风格作为过道的装饰设计风格。在环形过道的拼花设计中，选用了花瓣状图案的拼花瓷砖围绕着环形过道进行设计。花瓣状的拼花线条采用了棕黄色和黑色仿大理石瓷砖设计。线条流畅优美、圆滑优雅的拼花瓷砖如画般绘制在地面上，配合内环立面纹样和顶部水晶灯，营造出大气、典雅、奢华的环境效果。

在图 7-23 所示的星级酒店电梯间过道中，整体空间色调以米色和少量红棕色为主，设计师也同样选择了欧式古典风格作为电梯过道的装饰风格。设计师选用

了米色抛光砖作为拼花瓷砖基面，配以淡黄色菱形拼花和棕红色仿大理石点面拼花

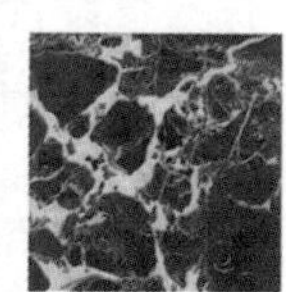

图 7-22　星级酒店环形过道

图 7-23　星级酒店电梯间过道

对过道地面进行铺装设计。米色抛光砖与欧式墙面和顶面石膏线吊顶相配合，共同营造出具有华贵气质的室内过道空间。此外，棕红色柜门、仿大理石纹理的垃圾箱

和顶部的欧式铁艺吊灯，多种不同材质的装饰物件丰富了整体空间的色彩层次，让以米色色调为主的电梯过道空间视觉效果不显单调，并烘托出欧式风格高贵典雅的装饰效果。

客房过道的设计，最好能给客人营造出一种安静、安全的空间气氛。过道的灯光既不可太明亮，也不能昏暗，相比酒店主过道灯光的炫目和亮堂，客房过道的灯光设计要柔和没有炫光。在图 7-24 所示的星级酒店客房过道内，房间节点外的铺装设计中，设计师选用了 600mm × 600mm 规格的黄褐色、仿大理石抛光砖。条纹纹样的仿大理石抛光砖，以横条并行的铺装形式进行铺贴。配合房间节点内木质的条形框架与回形的木地板设计，营造出具有节奏感和序列感的装饰效果，让过道的地面铺装效果在层次和形式上更为丰富，空间内部的延伸感更加强烈。除此以外，黄褐色的仿大理石抛光砖配合深褐色的墙纸、造型独特的枝干装饰物、具有禅意感的鹅卵石铺地、配合以木质框架间朦胧的灯光，让空间内部的艺术氛围更加浓厚，共同营造出客房过道特有的安静、安全的空间气氛。

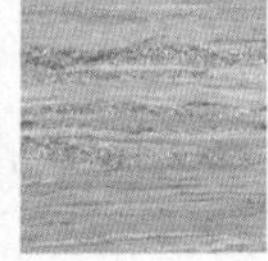

图 7-24　星级酒店客房过道

商务酒店主要以接待从事商务活动的客人为主。商务酒店提供的服务相对简捷而单一，其装修格调与档次级别，也稍微低于星级酒店。商务酒店的风格设计，则具备了低调、舒适、时尚等元素。

成熟、典雅的后现代装饰风格是商务酒店常用的设计风格，其装饰格调吸引了大量商务客人。在图 7-25 所示的商务酒店前厅中，前厅的整体色调以暖色调为主。设计师选取了欧式元素和几何图形元素对酒店前厅进行设计。为了达到典雅、大气的设计效果，设计师在前厅的铺地设计中，选用了 1000mm × 800mm 规格的淡黄色、全抛光瓷砖，并以工字形拼贴的方式进行铺贴。除此之外，在前台柜台和顶柜的设计中，选用了黑色仿大理石瓷砖进行铺贴设计。淡黄色的全抛光瓷砖反射光面强，提升了前厅空间的净空感，削弱顶部空间的低矮视感。而在铺地瓷砖的样式选择中，瓷砖短边以黑色的条形瓷砖进行点缀，配合工字形的拼贴设计，让整个地面的铺装有了几何图形的设计美感，并与前台内墙上的几何图形设计相呼应。

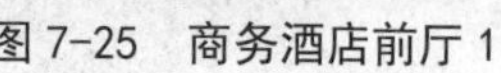

图 7-25　商务酒店前厅 1

后现代主义设计风格的商务酒店，其内部空间分割简洁、装饰块面节奏明快，室内装饰设计效果时尚、大方，符合新时代年轻人的审美需求，最为吸引以青年为主年龄段的商务客人。在图 7-26 所示的商务酒店前厅中，前厅的整体色调以冷色调为主。设计师选用了后现代主义的设计风格，并以方形块面切割组合的设计方法对酒店前厅进行设计。在瓷砖铺地材料的选择上，设计师选用了 800mm × 800mm 规格的白色仿大理石抛光瓷砖。洁白、柔美的白色大理石瓷砖图案柔和了三角形地毯的尖锐的视觉冲击感，并与黑色的反光墙和黑色反光吊顶作对比，削弱了采用后现代主义装饰设计风格所带来的冰冷、强硬的设计感受。

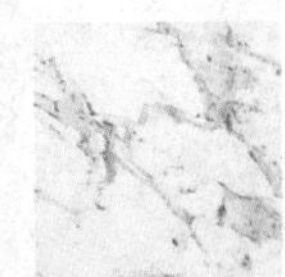

图 7-26　商务酒店前厅 2

思考题

（1）为什么在星级酒店大堂中，常采用带有组合图案效果的拼花瓷砖进行设计？

（2）为什么在星级酒店中，常采用仿抛光大理石瓷砖进行设计？谈谈你的看法。

（3）请以中式风格酒店为对象，谈谈可以采用哪几种瓷砖进行铺地设计，并说出理由。

附　录
建筑陶瓷运用实例——新舵品牌瓷砖系列作品展示

一、瓷片铺贴

图 1

图 2

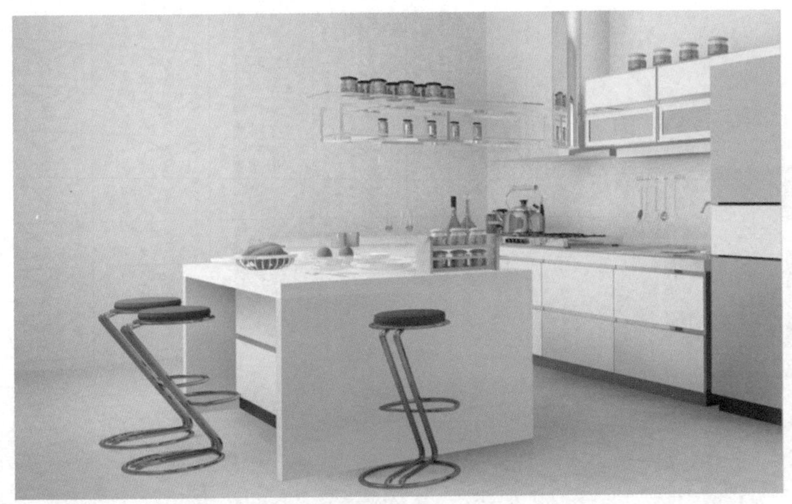

图 3

二、大理石系列瓷砖铺贴

图 4

图 5

图 6

图 7

三、金刚玉系列瓷砖铺贴

图 8

图 9

图 10

四、抛光砖铺贴

图 11

图 12

图 13

五、微晶石瓷砖铺贴

图 14

图 15

图 16

参考文献

[1] 来增祥，陆震纬 . 室内设计原理（上）[M]. 北京 ：中国建筑工业出版社，1996.

[2] [美] 菲莉丝 · 斯隆 · 艾伦，琳恩 · M. 琼斯，米丽亚姆 · F. 斯廷普森 . 室内设计概论（第 9 版）[M]. 胡剑虹译 . 北京：中国林业出版社，2010.

[3] 李书青 . 室内设计基础 [M]. 北京：北京大学出版社，2009.

[4] 张峰，陈雪杰 . 室内装饰材料应用与施工 [M]. 北京：中国电力出版社，2009.

[5] 杨栋等 . 室内装饰材料应用与施工 [M]. 南京：东南大学出版社，2005.

[6] 袁立，李志豪 . 当代瓷砖实用宝典 [M]. 苏州：苏州大学出版社，2011.